1

930 R | A 590 | 360 O | I 440 | 490 G | 470 F

V 920 | 530 L | 160 N | K 390 | 620 S | 910 E

450 + 470 = ____

260 + 180 = ____

790 + 120 = ____

280 + 250 = ____

610 − 170 = ____

850 − 690 = ____

370 + 540 = ____

670 + 260 = ____

820 − 350 = ____

540 − 180 = ____

920 − 390 = ____

750 − 260 = ____

760 − 370 = ____

180 + 350 = ____

910 − 320 = ____

490 + 130 = ____

1 000 − 380 = ____

580 + 330 = ____

Lösung: ____ ____ ____ ____ 4 !

2

342 + ____ = 357	836 + ____ = 891	796 + ____ = 813
469 + ____ = 484	738 + ____ = 794	283 + ____ = 305
527 + ____ = 551	572 + ____ = 609	674 + ____ = 723

3

781 − ____ = 744	905 − ____ = 859	836 − ____ = 787
462 − ____ = 419	573 − ____ = 495	213 − ____ = 158
357 − ____ = 319	694 − ____ = 627	718 − ____ = 679

1 440 + 130 = ____ 360 + 290 = ____ 650 + 270 = ____

2 540 – 310 = ____ 620 – 250 = ____ 460 – 180 = ____

3

	5	6	8
+	1	7	5

	4	3	2
+	2	8	9

	3	9	4
+	4	0	7

	6	6	7
+	1	7	8

	3	5	6
+	5	4	5

4

	8	1	4
–	2	3	5

	9	0	1
–	1	0	9

	3	2	6
–	2	2	7

	1	0	0	0
–		5	5	5

	7	8	3
–	3	7	5

5

	4	6	2
+	1	7	6
	1		
	6	3	8

→ 638 + 296 = ____ → – 587 = ____ → + 454 = ____ → + ____ = 1000

6 Familie Krause fährt in den Urlaub.
Für die Zugfahrt hat sie 378,30 € bezahlt.
Die Übernachtung kostet 526,50 €.

Frage: ____

Rechnung:

Antwort: ____

1

4 · 8 = ____ 6 · 7 = ____ 7 · 8 = ____

40 · 8 = ____ 60 · 7 = ____ 70 · ____ = ____

4 · 80 = ____ 6 · 70 = ____ ____ · ____ = ____

2

43 · 7 = ____ 49 · 4 = ____ 98 · 6 = ____

3

17 · 9 = ____ + ____ = ____ 37 · 4 = ____ + ____ = ____

13 · 6 = ____ + ____ = ____ 82 · 9 = ____ + ____ = ____

18 · 5 = ____ + ____ = ____ 25 · 7 = ____ + ____ = ____

4

2,40 € · 6 = ____ € 3,70 € · 4 = ____ €

5

5,80 € · 7 = ____ € 4,90 € · 3 = ____ €

6

Peter bekommt jeden Monat 8 € Taschengeld.
Wie viel Geld kann er in einem Jahr ausgeben?

Rechnung: ____

Antwort: ____

Peters Freund Ralf bekommt jede Woche 2,50 €.
Wie viel Geld hat er im Monat mehr als Peter?

Rechnung: ____

Antwort: ____

1

63 : 9 = ___ | 630 : 9 = ___ | 630 : 90 = ___

56 : 8 = ___ | 560 : 8 = ___ | 560 : 80 = ___

42 : 7 = ___ | 420 : 7 = ___ | 420 : 70 = ___

48 : 6 = ___ | 480 : 6 = ___ | 480 : 60 = ___

2

91 : 7 = ___

72 : 4 = ___

57 : 3 = ___

154 : 7 = ___

184 : 8 = ___

292 : 4 = ___

3

295 : 7 = ___ Rest ___
___ : 7 = ___
___ : 7 = ___ Rest ___

134 : 4 = ___ Rest ___
___ : 4 = ___
___ : 4 = ___ Rest ___

152 : 6 = ___ Rest ___
___ : 6 = ___
___ : 6 = ___ Rest ___

157 : 3 = ___ Rest ___
___ : 3 = ___
___ : 3 = ___ Rest ___

4

11,50 € : 5 = ___ €
___ € : 5 = ___ €
___ ct : 5 = ___ ct

9,60 € : 4 = ___ €
___ € : 4 = ___
___ ct : ___ = ___

13,20 € : 3 = ___ €
___ : ___ = ___
___ : ___ = ___

15,40 € : 7 = ___ €
___ : ___ = ___
___ : ___ = ___

1

480 s = ___ min | 3 min = ___ s | 240 min = ___ h
720 s = ___ min | 5 min = ___ s | 60 min = ___ h
360 s = ___ min | 7 min = ___ s | 120 min = ___ h
540 s = ___ min | 10 min = ___ s | 660 min = ___ h

2 Familie Siebert will in einer Woche 189 km weit wandern. Wie viele Kilometer muss sie täglich wandern, wenn sie immer die gleiche Strecke bewältigen will?

Antwort: ______________________________

3

$3 \cdot 8 + 7 =$ ___
$5 \cdot 9 + 6 =$ ___
$18 + 7 \cdot 4 =$ ___
$14 + 6 \cdot 7 =$ ___

$7 \cdot 60 - 45 =$ ___
$30 \cdot 9 - 77 =$ ___
$420 - 3 \cdot 70 =$ ___
$560 - 4 \cdot 60 =$ ___

4 <, > oder = ?

$160 : 4 + 4$ ◯ 41
$81 \cdot 5 - 45$ ◯ 360
$12 \cdot 5 - 7$ ◯ 43
$30 \cdot 7 + 75$ ◯ 295

5 Peter ist 12 Jahre alt. Sein Bruder ist halb so alt wie er. Seine Schwester ist dreimal so alt wie sein Bruder.

Sein Bruder ist ___ Jahre alt.
Seine Schwester ist ___ Jahre alt.

Tausenderzahlen

1 Setze fort.

1 000, ______, ______, 4 000, ______, ______, ______, 8 000,

______, ______, 11 000

2 < oder > ?

500 ◯ 800　　200 ◯ 400　　900 ◯ 700

5 000 ◯ 8 000　　2 000 ◯ 4 000　　9 000 ◯ 7 000

100 ◯ 300　　500 ◯ 200　　800 ◯ 400

1 000 ◯ 3 000　　5 000 ◯ 2 000　　8 000 ◯ 4 000

3 <, > oder = ?

4 000 ◯ 7 000　　5 000 ◯ 5 000　　10 000 ◯ 8 000

2 000 ◯ 1 000　　9 000 ◯ 6 000　　3 000 ◯ 5 000

4

10 000	
4 000	
1 000	
7 000	
5 000	
3 000	

10 000	
	2 000
	0
	6 000
	9 000
	8 000

5

Zahl	2 000		4 000		1 000	500
Doppelte		6 000		10 000		

Zahl	6 000		10 000	8 000
Hälfte		2 000		

	9 000	
		3 500

1 Streiche die falschen Aufgaben durch.

2

5000 + 4000 = ______ 8000 + 1000 = ______

7000 + 2000 = ______ 3000 + 2000 = ______

6000 + 4000 = ______ 9000 + 1000 = ______

3

7000 – 2000 = ______ 4000 – 2000 = ______

5000 – 1000 = ______ 9000 – 6000 = ______

10000 – 5000 = ______ 8000 – 2000 = ______

4

5000 + ______ = 8000 2000 + ______ = 6000

3000 + ______ = 5000 4000 + ______ = 9000

6000 + ______ = 8000 7000 + ______ = 8000

5

7000 – ______ = 2000 6000 – ______ = 3000

3000 – ______ = 1000 8000 – ______ = 4000

8000 – ______ = 2000 10000 – ______ = 5000

6

+	2000	4000
1000		
3000		
		6000
5000		
		8000

–	1000	3000
5000		
4000		
	5000	
8000		
		4000

1 4T + 5H + 3Z + 7E = ___

2T + 3H + 5Z + 1E = ___

7T + 6H + 0Z + 5E = ___

3T + 7H + 4E = ___

8T + 11H + 2Z = ___

9T + 9H + 9Z + 10E = ___

2 4363 = 4T + 3H + 6Z + 3E

5241 = ___

7623 = ___

7612 = ___

2840 = ___

5607 = ___

3 zehntausend: ___

zweitausenddreißig: ___

viertausendsiebenhundertachtundzwanzig: ___

4 Pele hat gewürfelt. Bilde alle möglichen 4-stelligen Zahlen. Unterstreiche die kleinste und die größte Zahl.

5

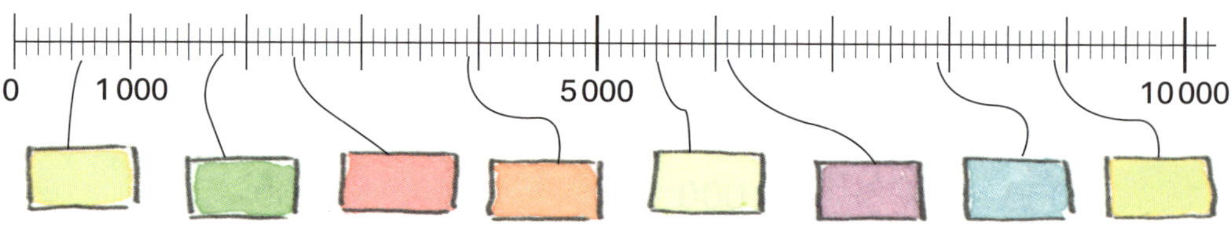

6

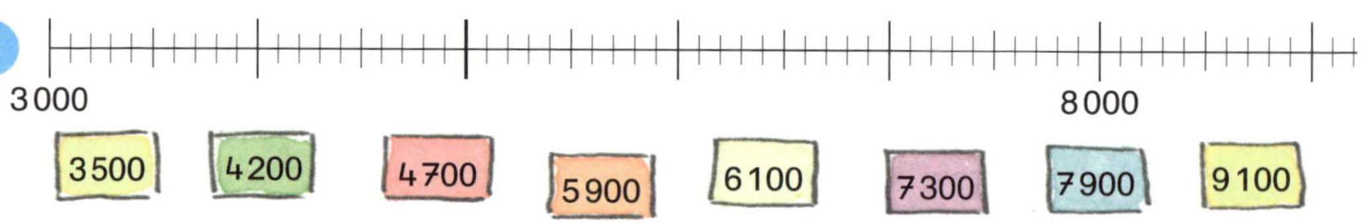

7 Nachbarhunderter:

4500 < 4507 < 4600

___ < 8121 < ___

___ < 3647 < ___

Nachbartausender:

8000 < 8276 < 9000

___ < 2517 < ___

___ < 3499 < ___

1

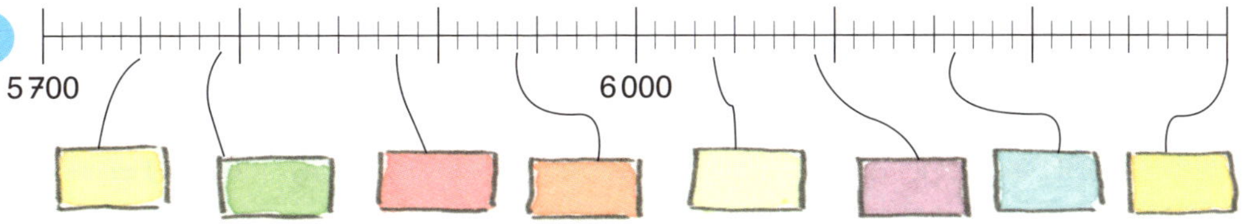

2

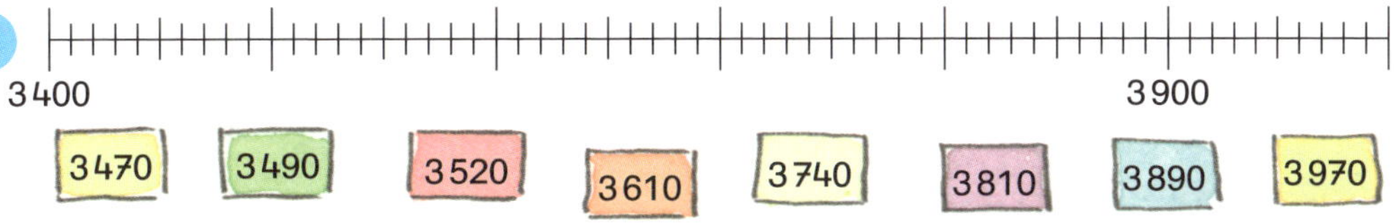

3

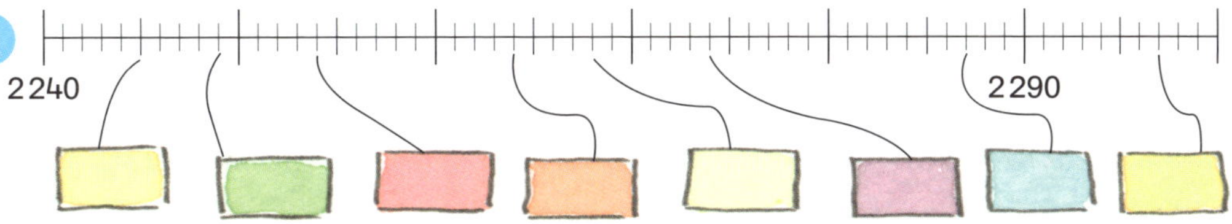

4

Vorgänger	Zahl	Nachfolger
	3 275	
	4 601	
	5 000	
	6 499	
	8 999	

Vorgänger	Zahl	Nachfolger
6 215		
		3 412
		6 000
		10 000
4 699		

5 < oder > ?

443 ◯ 453 | 275 ◯ 257 | 612 ◯ 712

2 443 ◯ 2 453 | 3 275 ◯ 3 257 | 1 612 ◯ 1 712

5 443 ◯ 5 453 | 7 275 ◯ 7 257 | 4 612 ◯ 4 712

6 <, > oder = ?

7 456 ◯ 7 556 | 2 315 ◯ 2 315 | 5 168 ◯ 5 268

8 413 ◯ 8 414 | 1 456 ◯ 1 457 | 3 715 ◯ 3 614

9 710 ◯ 8 710 | 3 099 ◯ 3 909 | 4 101 ◯ 4 010

4 551 ◯ 4 515 | 9 909 ◯ 9 099 | 2 001 ◯ 2 002

1

29 + 31 = ___
290 + 310 = ___
2 900 + 3 100 = ___

38 + 45 = ___
38 + 450 = ___
3 800 + 4 500 = ___

2

56 – 36 = ___
560 – 360 = ___
5 600 – 3 600 = ___

81 – 36 = ___
810 – 360 = ___
8 100 – 3 600 = ___

3

6 700 + 300 = ___
1 100 + 900 = ___
3 500 + 500 = ___

2 600 + 800 = ___
3 400 + 700 = ___
5 500 + 900 = ___

4

5 600 – 600 = ___
7 500 – 500 = ___
6 300 – 300 = ___

9 100 – 800 = ___
7 200 – 700 = ___
4 400 – 600 = ___

5

2 500 + ___ = 3 000
4 300 + ___ = 5 000

6 100 + ___ = 7 000
8 200 + ___ = 9 000

6

4 600 – ___ = 4 000
3 700 – ___ = 3 000

2 100 – ___ = 2 000
5 300 – ___ = 5 000

7 Setze fort.

2 500	3 000					5 500
5 600	5 800	6 000				
3 450	3 500	3 550				
8 700	8 500	8 300				
6 600	6 580	6 560				

1

+	250	320	130
3 430			
4 610			
2 120			

–	240	120	310
3 560			
5 780			
2 450			

2

2 430 + ______ = 2 750

3 140 + ______ = 3 650

3 140 + ______ = 3 790

2 220 + ______ = 2 550

3

8 270 – ______ = 8 150

3 840 – ______ = 3 110

5 790 – ______ = 5 250

6 560 – ______ = 6 110

4

4 700 + 2 300 = ______

2 500 + 4 500 = ______

6 800 + 2 200 = ______

1 900 + 3 100 = ______

5 Streiche falsche Ergebnisse durch.

+	2 210	1 150
3 640	5 850	4 780
4 720	6 940	5 870

–	2 150	3 460
8 570	6 430	5 110
4 680	2 530	1 320

6 Berechne die Differenz von 10 000 und 9 000. Addiere 900.
Die gesuchte Zahl ist die ______ .

Subtrahiere 5 500 von 10 000. Addiere zur Differenz die Summe von 275 und 225.
Die gesuchte Zahl ist die ______ .

Addiere 1 999 und 1 001. Subtrahiere die Differenz von 1 000 und 500 von der Summe.
Die gesuchte Zahl ist die ______ .

1

·	4	40	400
3			
6			
10			
12			

:	8	80	800
2 400			
4 800			
8 000			
8 800			

2 Was gehört zusammen? Rechne aus und verbinde.

5 · 300 = ____	2 400 : 400 = ____
7 · 800 = ____	2 800 : 700 = ____
8 · 900 = ____	5 600 : 800 = ____
4 · 700 = ____	1 500 : 300 = ____
6 · 400 = ____	7 200 : 900 = ____

3

4 · ____ = 1 200	2 · ____ = 1 600	8 · ____ = 6 400
3 · ____ = 1 800	6 · ____ = 4 200	7 · ____ = 3 500
5 · ____ = 3 000	4 · ____ = 3 200	9 · ____ = 2 700

4

4 500 : ____ = 5	3 600 : ____ = 6	7 200 : ____ = 8
3 600 : ____ = 4	4 800 : ____ = 8	5 400 : ____ = 6
2 800 : ____ = 7	8 100 : ____ = 9	2 100 : ____ = 3

5

1

4 km = ______ m
6 km = ______ m
10 km = ______ m
3 km = ______ m

5 km 725 m = ______ m
8 km 705 m = ______ m
2 km 800 m = ______ m
9 km 128 m = ______ m

2

6,671 km = ______ m
5,904 km = ______ m
5,052 km = ______ m
8,500 km = ______ m

2989 m = ______ km
4092 m = ______ km
3210 m = ______ km
7324 m = ______ km

3 Male gleiche Längen in einer Farbe aus.

4 km	7808 m	8,008 km	3650 m	3 km 65 m
3,650 km	808 m	3065 m	8008 m	7,808 km
8 km 8 m	3,065 km	3 km 650 m	0,808 km	4000 m

4 Gib in Meter an.

$\frac{1}{2}$ km = ______ m
$\frac{1}{4}$ km = ______ m
$\frac{3}{4}$ km = ______ m

$3\frac{1}{2}$ km = ______ m
$5\frac{1}{4}$ km = ______ m
$7\frac{3}{4}$ km = ______ m

25,8 km = ______ m
7,005 km = ______ m
2 km 4 m = ______ m

5 Ordne folgende Angaben richtig zu.

42,195 km | 508 m | 6671 km | 2962 m | 8850 m

Der höchste Berg der Welt ist ______ hoch.
Der höchste Berg Deutschlands ist ______ hoch.
Der längste Fluss der Welt ist ______ lang.
Ein Marathonlauf ist ______ lang.
Das höchste Gebäude der Welt ist ______ hoch.

1

7 t = ______ kg
8 t = ______ kg
1 t = ______ kg
6 t = ______ kg

3 t 125 kg = ______ kg
9 t 638 kg = ______ kg
1 t 7 kg = ______ kg
7 t 405 kg = ______ kg

2

5 000 kg = ___ t
9 000 kg = ___ t
3 000 kg = ___ t
2 000 kg = ___ t

6 t 350 kg = ______ t
4 t 590 kg = ______ t
1 t 250 kg = ______ t
8 t 750 kg = ______ t

3 570 kg = ______ t
350 kg = ______ t
5 030 kg = ______ t
2 005 kg = ______ t

3 Was passt zusammen? Verbinde.

1 t
6 t
1,1 kg

Löwe
Elefant
Pelikan
Meerschweinchen
Eisbär
Mann

260 kg
15 kg
75 kg

4

7 000 g = ___ kg
5 000 g = ___ kg
10 000 g = ___ kg

500 g = ______ kg
250 g = ______ kg
125 g = ______ kg

$\frac{1}{2}$ kg = ______ g
$\frac{1}{4}$ kg = ______ g
$\frac{3}{4}$ kg = ______ g

5 Vervollständige die Tabelle.

g	kg und g	kg
8 713 g		
	5 kg 20 g	
		6,005 kg
3 056 g		

1

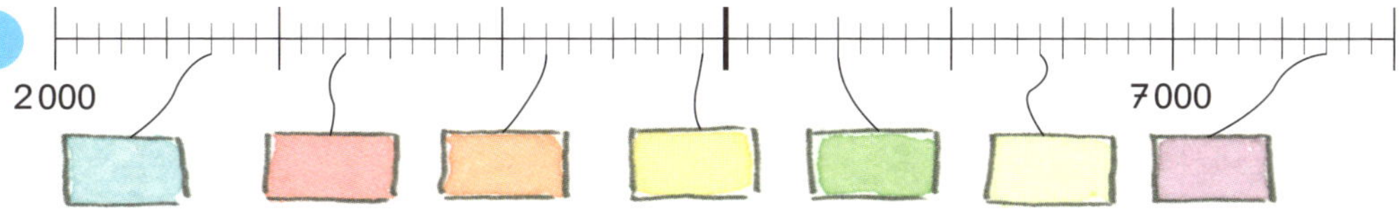

2

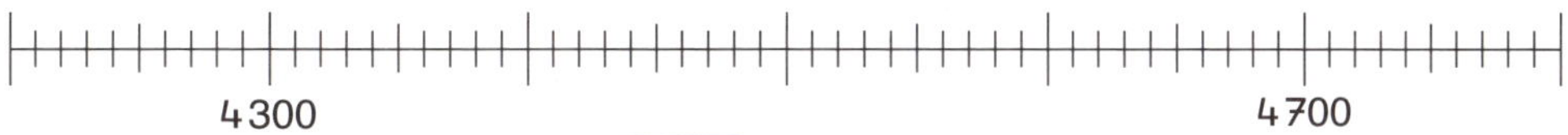

4220 4280 4350 4470 4590 4610 4630 4780

3

3200 + 2500 = ______ 4320 + 1540 = ______

4500 + 3500 = ______ 2650 + 2780 = ______

4

10000 – 3400 = ______ 9390 – 4180 = ______

10000 – 6500 = ______ 8550 – 3330 = ______

5

3 · 800 3 · 400 3 · 1200 6 · 400 2 · 600 4 · 300

2 · 1200 9 · 400 6 · 600 6 · 200 4 · 900 8 · 300

2400 3600 1200

6

5 t = ______ kg 7000 kg = ___ t 8 t 201 kg = ______ t

2 t = ______ kg 4000 kg = ___ t 1 t 059 kg = ______ t

9 t = ______ kg 6000 kg = ___ t 5 t 003 kg = ______ t

7 Ordne nach der Länge.

99 km 991 m 10000 cm 99,5 m 1000 km

______ < ______ < ______ < ______ < ______

1 Setze fort.

10 000, ______ , ______ , ______ , ______ ,

______ , 70 000, ______ , ______ , ______ , 110 000

2 < oder > ?

3 000 ◯ 2 000	4 000 ◯ 7 000	5 000 ◯ 9 000
30 000 ◯ 20 000	40 000 ◯ 70 000	50 000 ◯ 90 000
10 000 ◯ 9 000	8 000 ◯ 4 000	6 000 ◯ 7 000
100 000 ◯ 90 000	80 000 ◯ 40 000	60 000 ◯ 70 000

3 <, > oder = ?

40 000 ◯ 30 000	60 000 ◯ 60 000	50 000 ◯ 30 000
20 000 ◯ 50 000	80 000 ◯ 70 000	90 000 ◯ 100 000

4

100 000	
50 000	
20 000	
40 000	
10 000	
30 000	

100 000	
	60 000
	0
	80 000
	90 000
	70 000

5

Zahl	30 000		10 000		
Doppelte		40 000		80 000	100 000

Zahl	60 000		100 000	20 000	90 000	
Hälfte		20 000				35 000

1 Streiche falsche Aufgaben durch.

2

50 000 + 40 000 = ______ 30 000 + 40 000 = ______

70 000 + 20 000 = ______ 50 000 + 30 000 = ______

60 000 + 40 000 = ______ 60 000 + 20 000 = ______

3

70 000 – 30 000 = ______ 100 000 – 80 000 = ______

40 000 – 20 000 = ______ 90 000 – 50 000 = ______

70 000 – 50 000 = ______ 80 000 – 40 000 = ______

4

20 000 + ______ = 50 000 60 000 + ______ = 100 000

30 000 + ______ = 40 000 20 000 + ______ = 60 000

70 000 + ______ = 90 000 40 000 + ______ = 90 000

5

60 000 – ______ = 30 000 80 000 – ______ = 50 000

40 000 – ______ = 10 000 50 000 – ______ = 20 000

100 000 – ______ = 80 000 70 000 – ______ = 30 000

6

+	20 000	30 000
40 000		
	80 000	
		40 000
50 000		
		100 000

–	30 000	
50 000		
80 000		
70 000		
40 000		20 000
		10 000

1 Trage die Zahlen in die Stellentafel ein.

HT	ZT	T	H	Z	E	
						56 710
						73 012
						100 000
						86 005

2 4 ZT 3 T 7 H 2 Z 6 E = ______

7 ZT 5 T 2 H 6 Z 4 E = ______

8 ZT 0 T 6 H 5 Z 7 E = ______

5 ZT 1 T 9 E = ______

9 ZT 9 T 10 E = ______

9 ZT 9 T 9 H 9 Z 10 E = ______

3

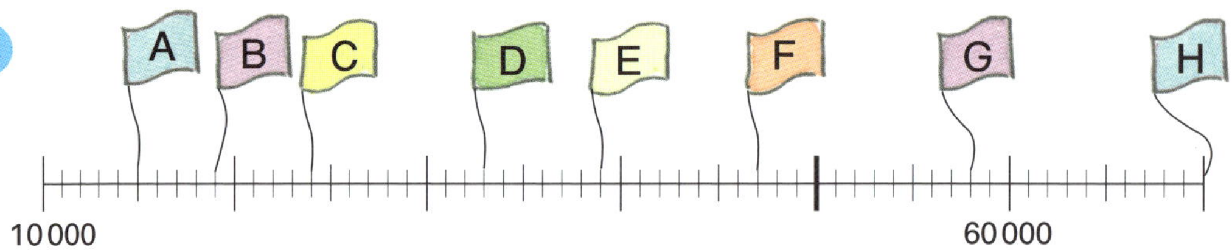

A = ______ B = ______ C = ______ D = ______

E = ______ F = ______ G = ______ H = ______

4

5

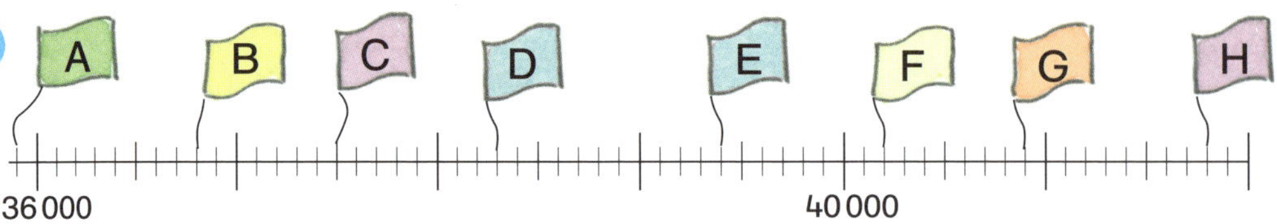

A = ______ B = ______ C = ______ D = ______

E = ______ F = ______ G = ______ H = ______

1

2

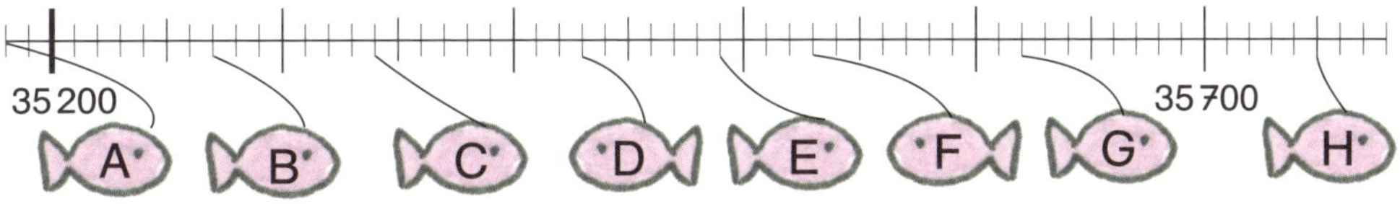

A = ______ B = ______ C = ______ D = ______

E = ______ F = ______ G = ______ H = ______

3

Vorgänger	Zahl	Nachfolger
	73 216	
	45 307	
	26 410	
	82 799	

Vorgänger	Zahl	Nachfolger
		95 220
		57 000
31 499		
99 998		

4 Nachbarzehntausender:

30 000 < 38 712 < 40 000

______ < 41 017 < ______

______ < 58 685 < ______

______ < 95 387 < ______

Nachbartausender:

24 000 < 24 345 < 25 000

______ < 73 215 < ______

______ < 65 501 < ______

______ < 79 999 < ______

Nachbarhunderter:

35 400 < 35 446 < ______

______ < 54 312 < ______

______ < 48 601 < ______

______ < 75 849 < ______

Nachbarzehner:

23 630 < 23 634 < ______

______ < 41 712 < ______

______ < 30 568 < ______

______ < 52 736 < ______

5 < oder > ?

65 315 ◯ 56 315

23 112 ◯ 23 211

78 602 ◯ 78 620

45 089 ◯ 45 909

Addieren und subtrahieren bis 100 000

1

320 + 450 = ______ 280 + 320 = ______

3 200 + 4 500 = ______ 2 800 + 3 200 = ______

32 000 + 45 000 = ______ 28 000 + 32 000 = ______

2

480 – 210 = ______ 910 – 450 = ______

4 800 – 2 100 = ______ 9 100 – 4 500 = ______

48 000 – 21 000 = ______ 91 000 – 45 000 = ______

3

45 200	47 200	49 200				
25 800	30 800	35 800				
99 200	99 100	99 000				
62 720	61 720	60 720				

4

45 300 + 12 000 = ______ 36 500 + 21 000 = ______

23 000 + 31 200 = ______ 75 000 + 22 400 = ______

32 100 + 25 700 = ______ 43 600 + 34 200 = ______

5

86 700 – 40 000 = ______ 58 600 – 30 000 = ______

73 400 – 50 000 = ______ 96 900 – 70 000 = ______

69 800 – 40 700 = ______ 64 300 – 40 200 = ______

6 Verbinde Aufgaben mit gleichem Ergebnis.

42 030 + 21 170 = ______

32 150 + 31 110 = ______

32 410 + 23 210 = ______

16 125 + 16 125 = ______

15 170 + 16 170 = ______

54 870 – 23 530 = ______

68 780 – 36 530 = ______

80 000 – 24 380 = ______

84 470 – 21 210 = ______

100 000 – 36 800 = ______

1

·	50	500	5 000
3			
5			
10			
12			

:	7	70	700
21 000			
42 000			
70 000			
77 000			

2

15 000
3 · 5 000
30 · 500
300 ·
3 000 ·

21 000
·
·
·
·

32 000
·
·
·
·

3

18 000 : 3 = ____
18 000 : 30 = ____
18 000 : 300 = ____
18 000 : 3 000 = ____

36 000 : 4 = ____
36 000 : 40 = ____
36 000 : 400 = ____
36 000 : 4 000 = ____

4

6 · 4 000 = ____
4 000 · 6 = ____
24 000 : ____ = ____
24 000 : ____ = ____

80 · 500 = ____
____ · ____ = ____
____ : ____ = ____
____ : ____ = ____

5 Wie viele Scheine werden benötigt? Finde verschiedene Lösungen.

25 000 €			
25 000 €			
25 000 €			

1 Welche Figuren sind drehsymmetrisch? Kreuze an.

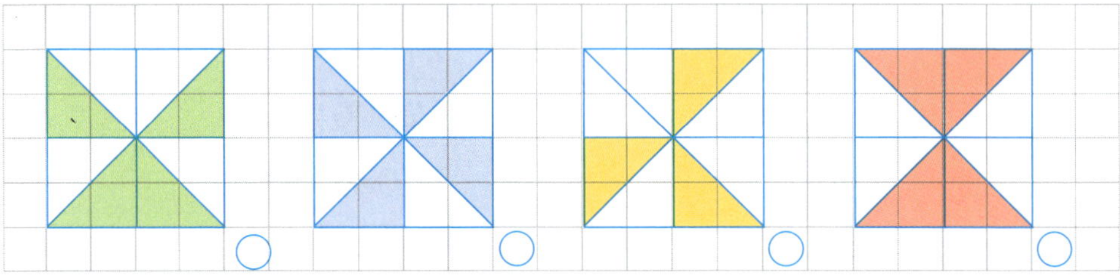

2 Ergänze zu symmetrischen Figuren.

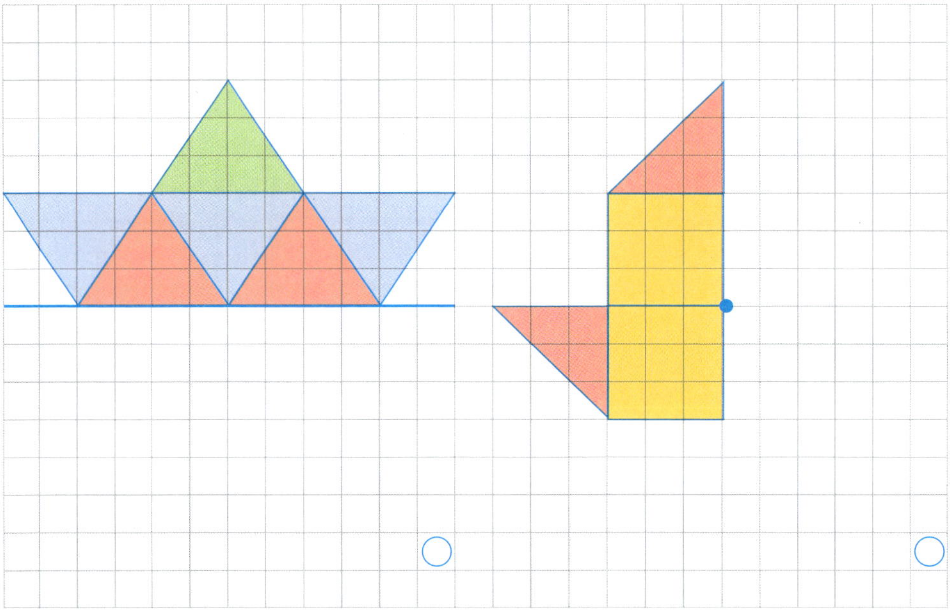

3 Spiegele und male aus.

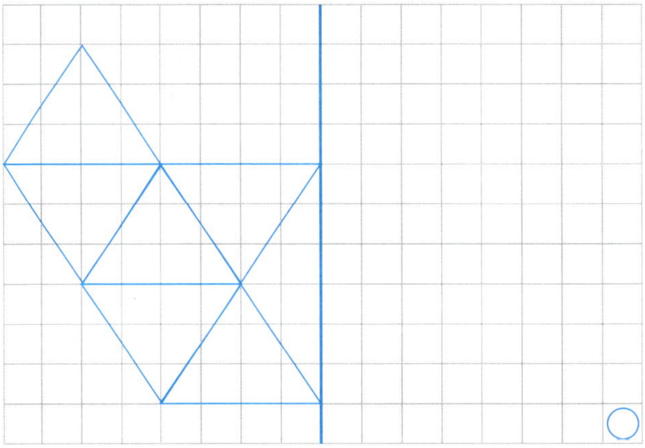

1

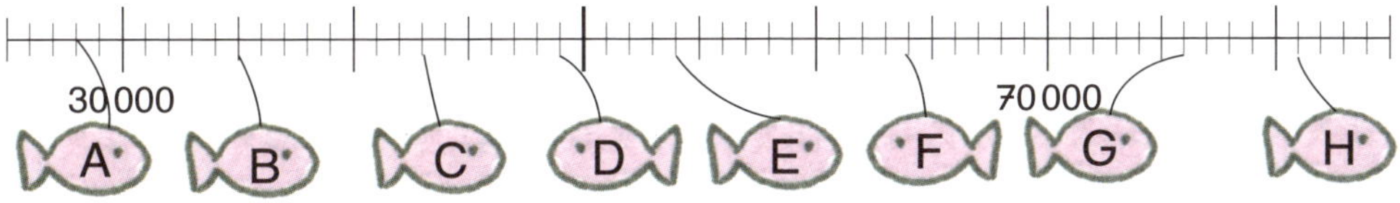

A = ______ B = ______ C = ______ D = ______

E = ______ F = ______ G = ______ H = ______

2

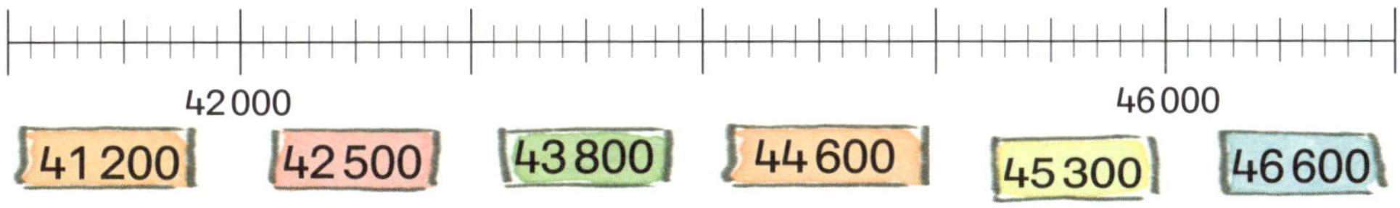

3

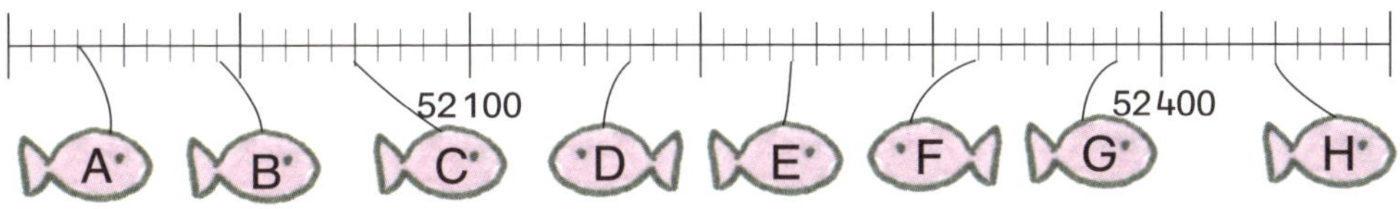

A = ______ B = ______ C = ______ D = ______

E = ______ F = ______ G = ______ H = ______

4 <, > oder = ?

53 612	◯	56 312	13 907	◯	12 907	86 536	◯	86 536
44 107	◯	44 701	15 603	◯	15 503	72 901	◯	72 109

5 34 800, 36 800, 38 800, ______, ______, ______, ______

72 540, 71 540, 70 540, ______, ______, ______, ______

6 32 500 + ______ = 100 000 100 000 – ______ = 45 700

56 300 + ______ = 100 000 100 000 – ______ = 31 900

7 60 · 900 = ______ 24 000 : 6000 = ______

700 · 80 = ______ 32 000 : 800 = ______

40 · 500 = ______ 16 000 : 40 = ______

1 Setze fort.

100 000, ______ , ______ , ______ , 500 000,

______ , ______ , ______ , ______ , 1 000 000.

2 < oder >?

40 000 ◯ 30 000

400 000 ◯ 300 000

50 000 ◯ 70 000

500 000 ◯ 700 000

20 000 ◯ 40 000

200 000 ◯ 400 000

80 000 ◯ 70 000

800 000 ◯ 700 000

3 <, > oder =?

200 000 ◯ 300 000

500 000 ◯ 200 000

800 000 ◯ 800 000

900 000 ◯ 500 000

4

1 000 000	
400 000	
200 000	
500 000	
100 000	
300 000	

1 000 000	
	700 000
	500 000
	900 000
	600 000
	800 000

5

Zahl	200 000		100 000		
Doppelte		800 000		600 000	1 000 000

Zahl	400 000	1 000 000	700 000	
Hälfte				450 000

1 Verbinde Aufgaben mit gleichem Ergebnis.

400 000 + 300 000	900 000 – 300 000
200 000 + 600 000	800 000 – 500 000
300 000 + 200 000	700 000 – 200 000
500 000 + 100 000	1 000 000 – 100 000
600 000 + 300 000	900 000 – 100 000
200 000 + 100 000	1 000 000 – 300 000

2

+	200 000	
300 000		
500 000		800 000
	400 000	
		400 000

–	300 000	
700 000		
600 000		
900 000		400 000
	500 000	

3 Zahlenrätsel.

Meine Zahl ist um 100 000 kleiner als das Doppelte von 300 000.
Die gesuchte Zahl ist die ________ .

Meine Zahl ist um 200 000 größer als die Hälfte von 800 000.
Die gesuchte Zahl ist die ________ .

Meine Zahl hat 0 E, 0 Z und 0 H.
Sie ist kleiner als die Hälfte von 300 000, aber größer als das Doppelte von 70 000.
Welche Zahlen passen? ________ , ________ , ________ ,

________ , ________ , ________ , ________ , ________ ,

____

1 Trage die Zahlen in die Stellentafel ein.

zweihundertdreiundzwanzigtausendvierhundertelf
fünfhunderteinunddreiβigtausendzweihundertsiebzehn
vierhundertsiebentausenddreihundertneunzig
sechshundertdreitausendvierhunderteins

M	HT	ZT	T	H	Z	E

2 4 HT 0 ZT 6 T 7 H 0 Z 0 E = ______

3 HT 0 ZT 8 T 6 H 0 Z 4 E = ______

6 HT 1 ZT 2 T 0 H 5 Z 3 E = ______

3 403 210 = 4 HT 0 ZT 3 T 2 H 1 Z 0 E

500 336 = ______

601 070 = ______

4

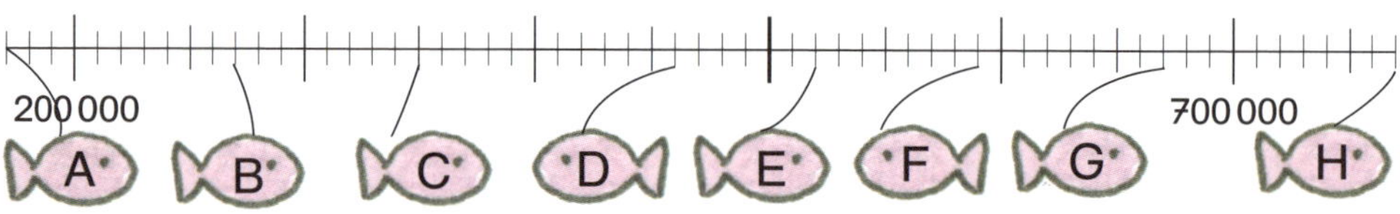

A = ______ B = ______ C = ______ D = ______

E = ______ F = ______ G = ______ H = ______

5

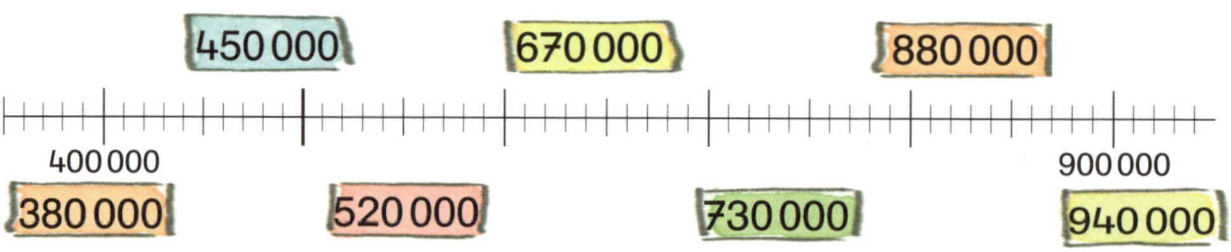

1

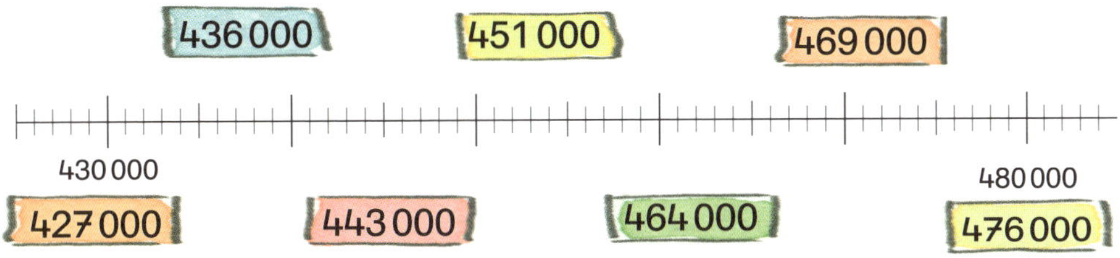

2

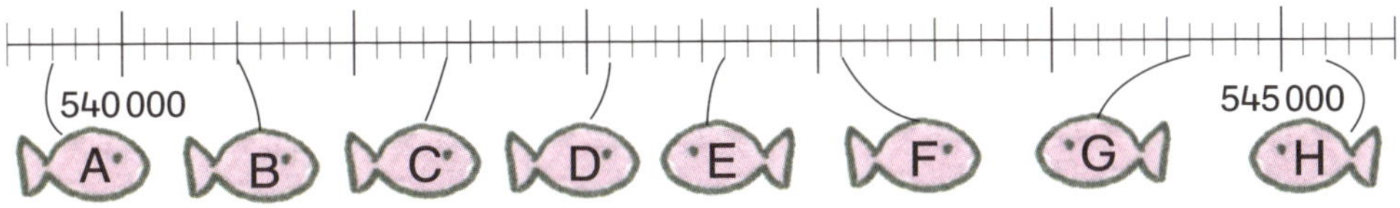

A = ______ B = ______ C = ______ D = ______

E = ______ F = ______ G = ______ H = ______

3

Vorgänger	Zahl	Nachfolger
	448 320	
	507 201	
	615 599	

Vorgänger	Zahl	Nachfolger
		340 000
421 798		
999 998		

4 < oder >?

325 468 ◯ 352 468

512 212 ◯ 512 221

607 177 ◯ 617 077

425 126 ◯ 425 162

309 715 ◯ 307 915

763 099 ◯ 763 098

5 Bilde aus den Zahlen 0, 2, 4, 6 und 8 die größtmögliche und die kleinstmögliche 6-stellige Zahl.

______ ______

Bilde aus den Zahlen 1, 5, und 7 zwei 6-stellige Zahlen, die man vorwärts und rückwärts (ANNA-Zahlen) lesen kann.

______ ______

1

4 300 + 2 500 = ______ 3 600 + 2 400 = ______

43 000 + 25 000 = ______ 36 000 + 24 000 = ______

430 000 + 250 000 = ______ 360 000 + 240 000 = ______

2

5 700 – 2 300 = ______ 8 100 – 4 500 = ______

57 000 – 23 000 = ______ 81 000 – 45 000 = ______

570 000 – 230 000 = ______ 810 000 – 450 000 = ______

3 Setze die Reihen fort.

450 000, 500 000, 550 000, ______, ______, ______

630 000, 620 000, 610 000, ______, ______, ______

4

620 000 + ______ = 700 000 352 000 + ______ = 400 000

834 000 + ______ = 900 000 576 000 + ______ = 600 000

458 100 + ______ = 500 000 912 400 + ______ = 1 000 000

5

436 000 – ______ = 400 000 568 000 – ______ = 500 000

345 178 – ______ = 300 000 712 145 – ______ = 700 000

253 719 – ______ = 200 000 999 999 – ______ = 900 000

6 Herr Müller hat für sein Auto eine Versicherung abgeschlossen. Er will nicht mehr als 20 000 km im Jahr fahren. Sein Tacho zeigt 48 725 km bei Versicherungsbeginn.

Frage: ______

Rechnung: ______

Antwort: ______

1

·	600	6 000	60 000
3			
5			
10			
12			

:	300	3 000	30 000
240 000			
270 000			
300 000			
330 000			

2

1 000 000
5 · 200 000
50 · 20 000
500 ·
500 000 ·

10
1 000 000 :
100 : 10
10 : 1

3

400 · 300 = ______

300 · 700 = ______

8 · 40 000 = ______

5 000 · 70 = ______

800 · 50 = ______

700 · 400 = ______

4

540 000 = 600 · ______

450 000 = 500 · ______

360 000 = 400 · ______

72 000 = 800 · ______

21 000 = 300 · ______

27 000 = 900 · ______

5

240 000 : 400 = ______

36 000 : 60 = ______

4 200 : 70 = ______

490 000 : 7 000 = ______

48 000 : 800 = ______

5 600 : 700 = ______

6

______ : 900 = 900

______ : 400 = 400

______ : 500 = 500

______ : 80 = 80

______ : 70 = 70

______ : 60 = 60

1

3000 ml = ___ l   5 l = ______ ml   4 l 200 ml = ______ ml

10000 ml = ___ l   9 l = ______ ml   2 l 805 ml = ______ ml

6000 ml = ___ l   7 l = ______ ml   8 l 50 ml = ______ ml

0,5 l = ______ ml   3725 ml = ______ l   1090 ml = ___ l ___ ml

0,3 l = ______ ml   1903 ml = ______ l   9006 ml = ___ l ___ ml

2,5 l = ______ ml   4050 ml = ______ l   1750 ml = ___ l ___ ml

2 Zeichne ein und ergänze Fehlendes.

$\frac{1}{2}$ l = ______ ml = ______ l

$\frac{1}{4}$ l = ______ ml = ______ l

$\frac{1}{8}$ l = ______ ml = ______ l

$\frac{3}{4}$ l = ______ ml = ______ l

3 Ordne richtig zu.

1 l	ein großer Eimer Wasser
200 ml	Inhalt einer Tube Zahnpasta
10 l	ein Esslöffel Milch
75 ml	ein Glas Tee
10 ml	eine Packung Apfelsaft

4 Für ein Vollbad benötigst du etwa 120 Liter Wasser. Beim Duschen verbrauchst du etwa 30 Liter Wasser. Wie viel Wasser kannst du sparen, wenn du statt zweimal zu baden, zweimal duschst?

Rechnung: ______________________________

Antwort: ______________________________

1

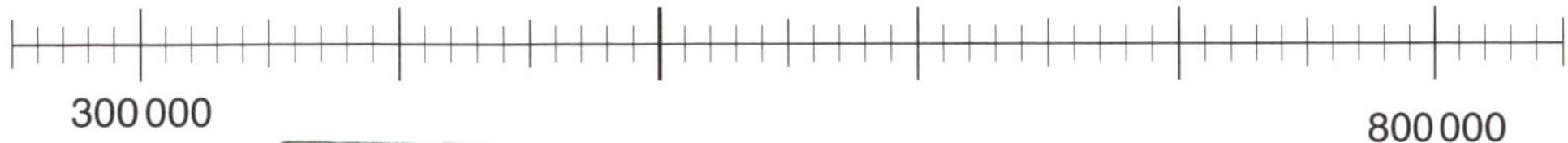

260 000 | 340 000 | 490 000 | 570 000 | 710 000 | 850 000

2

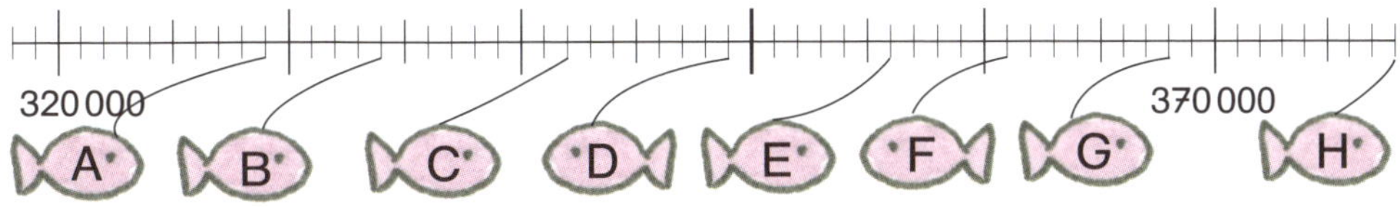

A = ______ B = ______ C = ______ D = ______

E = ______ F = ______ G = ______ H = ______

3

359 500 | 361 400 | 362 200 | 363 100 | 363 800 | 364 200

4 < oder >?

436 215 ◯ 436 251

317 211 ◯ 317 112

503 099 ◯ 503 100

346 581 ◯ 346 182

461 307 ◯ 416 307

999 099 ◯ 999 909

5 416 320, 516 320, 616 320, ______, ______, ______

212 417, 232 417, 252 417, ______, ______, ______

640 700, 640 200, 639 700, ______, ______, ______

732 511, 722 511, 712 511, ______, ______, ______

6 4000 · 40 = ______

300 · 500 = ______

60 · 5000 = ______

120 000 : 400 = ______

12 000 : 40 = ______

120 000 : 4000 = ______

7 4000 ml = ___ l

7000 ml = ___ l

9000 ml = ___ l

5309 ml = ______ l

4820 ml = ______ l

1945 ml = ______ l

1

	5	4	3	6
+	4	0	9	6

	7	2	1	5	8
+	8	5	4	2	6

	6	4	3	9	5
+	4	1	3	0	9

	1	8	1	3	9
+	9	7	6	8	7

2 Rechne nach und kreise die Fehler ein.
Schreibe das Ergebnis dann richtig auf.

	2	3	5	4	6
+		7	8	4	5
+	5	2	3	0	4
	8	2	6	9	5

	3	0	6	8	7
+	4	5	3	1	3
+		8	9	6	4
	8	4	9	5	4

	4	7	0	6	2
+	3	7	8	5	9
+		9	4	2	6
	9	9	4	4	7

	5	5	5
+	4	4	4
+	3	3	3
1	2	2	2

3 Schreibe untereinander und rechne.

45 769 + 463 + 8 695

15 808 + 45 825 + 20 976

37 658 + 2 179 + 986

4 Welche Zahl erhältst du, wenn du zum Doppelten der Zahl 2 489 die Zahl 13 702 addierst?

Ich erhalte die Zahl ________ .

Lösungen (heraustrennbar)

Wiederholung

1

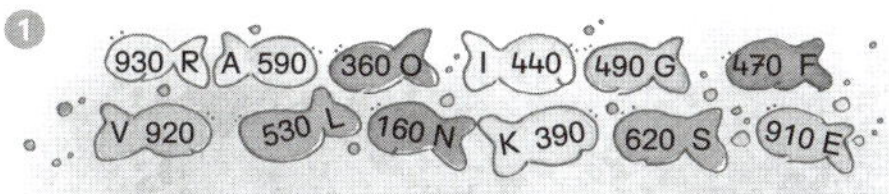

450 + 470 =	920	V	370 + 540 =	910	E
260 + 180 =	440	I	670 + 260 =	930	R
790 + 120 =	910	E	820 – 350 =	470	F
280 + 250 =	530	L	540 – 180 =	360	O
			920 – 390 =	530	L
			750 – 260 =	490	G
610 – 170 =	440	I	760 – 370 =	390	K
850 – 690 =	160	N	180 + 350 =	530	L
			910 – 320 =	590	A
			490 + 130 =	620	S
			1 000 – 380 =	620	S
			580 + 330 =	910	E

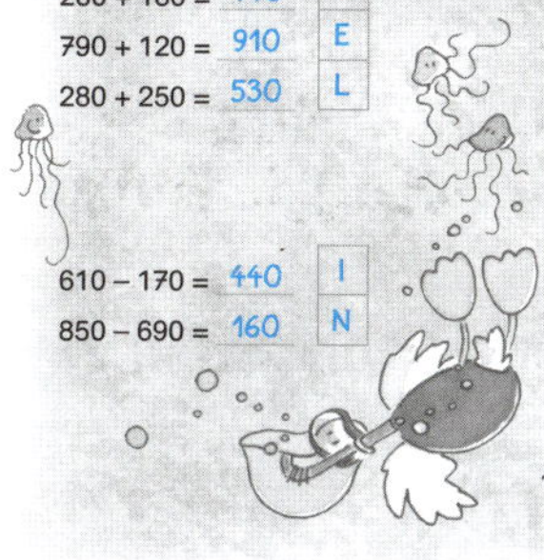

Lösung: VIEL ERFOLG IN KLASSE 4 !

2

342 + 15 = 357 | 836 + 55 = 891 | 796 + 17 = 813
469 + 15 = 484 | 738 + 56 = 794 | 283 + 22 = 305
527 + 24 = 551 | 572 + 37 = 609 | 674 + 49 = 723

3

781 – 37 = 744 | 905 – 46 = 859 | 836 – 49 = 787
462 – 43 = 419 | 573 – 78 = 495 | 213 – 55 = 158
357 – 38 = 319 | 694 – 67 = 627 | 718 – 39 = 679

Wiederholung

1

440 + 130 = 570 | 360 + 290 = 650 | 650 + 270 = 920
400 + 100 = 500 | 300 + 200 = 500 | 600 + 200 = 800
40 + 30 = 70 | 60 + 90 = 150 | 50 + 70 = 120

2

540 – 310 = 230 | 620 – 250 = 370 | 460 – 180 = 280
540 – 300 = 240 | 620 – 200 = 420 | 460 – 100 = 360
240 – 10 = 230 | 420 – 50 = 370 | 360 – 80 = 280

3

568 + 175 = 743 | 432 + 289 = 721 | 394 + 407 = 801 | 667 + 178 = 845 | 356 + 545 = 901

4

814 – 235 = 579 | 901 – 109 = 792 | 326 – 227 = 99 | 1000 – 555 = 445 | 783 – 375 = 408

5

462 + 176 = 638 → 638 + 296 = 934 → 934 – 587 = 347 → 347 + 454 = 801 → 801 + 199 = 1000

6 Familie Krause fährt in den Urlaub.
Für die Zugfahrt hat sie 378,30 € bezahlt.
Die Übernachtung kostet 526,50 €.

Frage: Wie viel kostet beides zusammen?

Rechnung: 526,50 € + 378,30 € = 904,80 €

Antwort: Zusammen kostet es 904,80 €.

Wiederholung

1

4 · 8 = 32 | 6 · 7 = 42 | 7 · 8 = 56
40 · 8 = 320 | 60 · 7 = 420 | 70 · 8 = 560
4 · 80 = 320 | 6 · 70 = 420 | 7 · 80 = 560

2

43 · 7 = 301 | 49 · 4 = 196 | 98 · 6 = 588
40 · 7 = 280 | 40 · 4 = 160 | 90 · 6 = 540
3 · 7 = 21 | 9 · 4 = 36 | 8 · 6 = 48

3

17 · 9 = 90 + 63 = 153 | 37 · 4 = 120 + 28 = 148
13 · 6 = 60 + 18 = 78 | 82 · 9 = 720 + 18 = 738
18 · 5 = 50 + 40 = 90 | 25 · 7 = 140 + 35 = 175

4

2,40 € · 6 = 14,40 € | 3,70 € · 4 = 14,80 €
2 € · 6 = 12 € | 3 € · 4 = 12 €
40 ct · 6 = 240 ct | 70 ct · 4 = 280 ct

5

5,80 € · 7 = 40,60 € | 4,90 € · 3 = 14,70 €
5 € · 7 = 35 € | 4 € · 3 = 12 €
80 ct · 7 = 560 ct | 90 ct · 3 = 270 ct

6 Peter bekommt jeden Monat 8 € Taschengeld.
Wie viel Geld kann er in einem Jahr ausgeben?

Rechnung: 8 € · 12 = 80 + 16 = 96 €
Antwort: Er kann in einem Jahr 96 € ausgeben.

Peters Freund Ralf bekommt jede Woche 2,50 €.
Wie viel Geld hat er im Monat mehr als Peter?

Rechnung: 2,50 € · 4 = 10 €
2 € · 4 = 8 € 50 ct · 4 = 2 €
Antwort: Ralf hat 2 € im Monat mehr als Peter.

Wiederholung

1

63 : 9 = 7 | 630 : 9 = 70 | 630 : 90 = 7
56 : 8 = 7 | 560 : 8 = 70 | 560 : 80 = 7
42 : 7 = 6 | 420 : 7 = 60 | 420 : 70 = 6
48 : 6 = 8 | 480 : 6 = 80 | 480 : 60 = 8

2

91 : 7 = 13 | 72 : 4 = 18 | 57 : 3 = 19
70 : 7 = 10 | 40 : 4 = 10 | 30 : 3 = 10
21 : 7 = 3 | 32 : 4 = 8 | 27 : 3 = 9

154 : 7 = 22 | 184 : 8 = 23 | 292 : 4 = 73
140 : 7 = 20 | 160 : 8 = 20 | 280 : 4 = 70
14 : 7 = 2 | 24 : 8 = 3 | 12 : 4 = 3

3

295 : 7 = 42 Rest 1 | 134 : 4 = 33 Rest 2
280 : 7 = 40 | 120 : 4 = 30
15 : 7 = 2 Rest 1 | 14 : 4 = 3 Rest 2

152 : 6 = 25 Rest 2 | 157 : 3 = 52 Rest 1
120 : 6 = 20 | 150 : 3 = 50
32 : 6 = 5 Rest 2 | 7 : 3 = 2 Rest 1

4

11,50 € : 5 = 2,30 € | 9,60 € : 4 = 2,40 €
10 € : 5 = 2 € | 8 € : 4 = 2 €
150 ct : 5 = 30 ct | 160 ct : 4 = 40 ct

13,20 € : 3 = 4,40 € | 15,40 € : 7 = 2,20 €
12 € : 3 = 4 € | 14 € : 7 = 2 €
120 ct : 3 = 40 ct | 140 ct : 7 = 20 ct

1. 480 s = 8 min   3 min = 180 s   240 min = 3 h
   720 s = 12 min   5 min = 300 s   60 min = 1 h
   360 s = 6 min   7 min = 420 s   120 min = 2 h
   540 s = 9 min   10 min = 600 s   660 min = 11 h

2. Familie Siebert will in einer Woche 189 km weit wandern. Wie viele Kilometer muss sie täglich wandern, wenn sie immer die gleiche Strecke bewältigen will?

   189 km : 7 = 27 km
   140 : 7 = 20   49 : 7 = 7

   Antwort: Sie muss täglich 27 km wandern.

3. 3 · 8 + 7 = 31   7 · 60 – 45 = 375
   5 · 9 + 6 = 51   30 · 9 – 77 = 193
   18 + 7 · 4 = 46   420 – 3 · 70 = 210
   14 + 6 · 7 = 56   560 – 4 · 60 = 320

4. <, > oder = ?
   160 : 4 + 4 > 41   12 · 5 – 7 > 43
   81 · 5 – 45 = 360   30 · 7 + 75 < 295

5. Peter ist 12 Jahre alt. Sein Bruder ist halb so alt wie er. Seine Schwester ist dreimal so alt wie sein Bruder.

   12 : 2 = 6   3 · 6 = 18

   Sein Bruder ist 6 Jahre alt.
   Seine Schwester ist 18 Jahre alt.

Tausenderzahlen

1. Setze fort.
   1000, 2000, 3000, 4000, 5000, 6000, 7000, 8000, 9000, 10000, 11000

2. < oder > ?
   500 < 800   200 < 400   900 > 700
   5000 < 8000   2000 < 4000   9000 > 7000
   100 < 300   500 > 200   800 > 400
   1000 < 3000   5000 > 2000   8000 > 4000

3. <, > oder = ?
   4000 < 7000   5000 = 5000   10000 > 8000
   2000 > 1000   9000 > 6000   3000 < 5000

4.

10000	
4000	6000
1000	9000
7000	3000
5000	5000
3000	7000

10000	
8000	2000
10000	0
4000	6000
1000	9000
2000	8000

5.

Zahl	2000	3000	4000	5000	1000	500
Doppelte	4000	6000	8000	10000	2000	1000

Zahl	6000	4000	10000	8000
Hälfte	3000	2000	5000	4000

Zahl	9000	7000
Hälfte	4500	3500

Addieren und subtrahieren mit Tausenderzahlen

1. Streiche die falschen Aufgaben durch.

2. 5000 + 4000 = 9000   8000 + 1000 = 9000
   7000 + 2000 = 9000   3000 + 2000 = 5000
   6000 + 4000 = 10000   9000 + 1000 = 10000

3. 7000 – 2000 = 5000   4000 – 2000 = 2000
   5000 – 1000 = 4000   9000 – 6000 = 3000
   10000 – 5000 = 5000   8000 – 2000 = 6000

4. 5000 + 3000 = 8000   2000 + 4000 = 6000
   3000 + 2000 = 5000   4000 + 5000 = 9000
   6000 + 2000 = 8000   7000 + 1000 = 8000

5. 7000 – 5000 = 2000   6000 – 3000 = 3000
   3000 – 2000 = 1000   8000 – 4000 = 4000
   8000 – 6000 = 2000   10000 – 5000 = 5000

6.

+	2000	4000
1000	3000	5000
3000	5000	7000
2000	4000	6000
5000	7000	9000
4000	6000	8000

–	1000	3000
5000	4000	2000
4000	3000	1000
6000	5000	3000
8000	7000	5000
7000	6000	4000

Zahlen bis 10000

1. 4T + 5H + 3Z + 7E = 4537   3T + 7H + 4E = 3704
   2T + 3H + 5Z + 1E = 2351   8T + 11H + 2Z = 9120
   7T + 6H + 0Z + 5E = 7605   9T + 9H + 9Z + 10E = 10000

2. 4363 = 4T + 3H + 6Z + 3E   7612 = 7T + 6H + 1Z + 2E
   5241 = 5T + 2H + 4Z + 1E   2840 = 2T + 8H + 4Z + 0E
   7623 = 7T + 6H + 2Z + 3E   5607 = 5T + 6H + 0Z + 7E

3. zehntausend: 10000   zweitausenddreißig: 2030
   viertausendsiebenhundertachtundzwanzig: 4728

4. Pele hat gewürfelt. Bilde alle möglichen 4-stelligen Zahlen. Unterstreiche die kleinste und die größte Zahl.

   2224   2242   6511   5611   1156   1651
   2422   4222   6115   5116   1165   1615
   6151   5161   1516   1561

5. 0   1000   5000   10000
   600   1800   2400   3900   5500   6100   7900   8900

6. 3000   8000
   3500   4200   4700   5900   6100   7300   7900   9100

7. Nachbarhunderter:
   4500 < 4507 < 4600
   8100 < 8121 < 8200
   3600 < 3647 < 3700

   Nachbartausender:
   8000 < 8276 < 9000
   2000 < 2517 < 3000
   3000 < 3499 < 4000

1

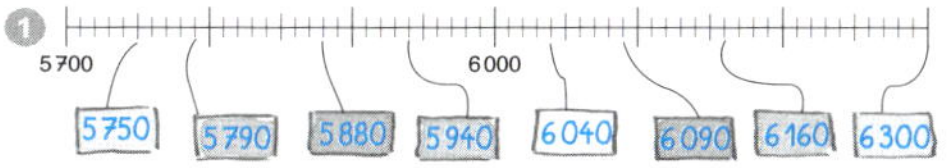

2

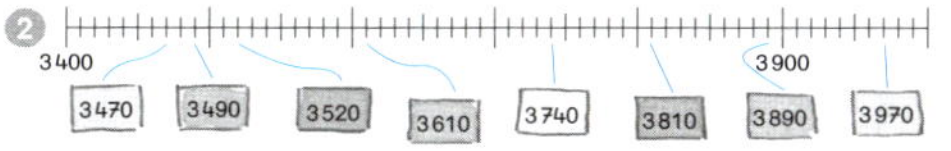

3

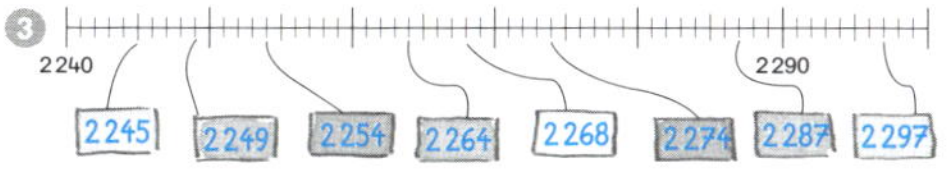

4

Vorgänger	Zahl	Nachfolger
3274	3275	3276
4600	4601	4602
4999	5000	5001
6498	6499	6500
8998	8999	9000

Vorgänger	Zahl	Nachfolger
6215	6216	6217
3410	3411	3412
5998	5999	6000
9998	9999	10 000
4699	4700	4701

5 < oder > ?

443 < 453 | 275 > 257 | 612 < 712
2443 < 2453 | 3275 > 3257 | 1612 < 1712
5443 < 5453 | 7275 > 7257 | 4612 < 4712

6 <, > oder = ?

7456 < 7556 | 2315 = 2315 | 5168 < 5268
8413 < 8414 | 1456 < 1457 | 3715 > 3614
9710 > 8710 | 3099 < 3909 | 4101 > 4010
4551 > 4515 | 9909 > 9099 | 2001 < 2002

1
29 + 31 = 60
290 + 310 = 600
2900 + 3100 = 6000

38 + 45 = 83
38 + 450 = 830
3800 + 4500 = 8300

2
56 − 36 = 20
560 − 360 = 200
5600 − 3600 = 2000

81 − 36 = 45
810 − 360 = 450
8100 − 3600 = 4500

3
6700 + 300 = 7000
1100 + 900 = 2000
3500 + 500 = 4000

2600 + 800 = 3400
3400 + 700 = 4100
5500 + 900 = 6400

4
5600 − 600 = 5000
7500 − 500 = 7000
6300 − 300 = 6000

9100 − 800 = 8300
7200 − 700 = 6500
4400 − 600 = 3800

5
2500 + 500 = 3000
4300 + 700 = 5000

6100 + 900 = 7000
8200 + 800 = 9000

6
4600 − 600 = 4000
3700 − 700 = 3000

2100 − 100 = 2000
5300 − 300 = 5000

7 Setze fort.

2500	3000	3500	4000	4500	5000	5500
5600	5800	6000	6200	6400	6600	6800
3450	3500	3550	3600	3650	3700	3750
8700	8500	8300	8100	7900	7700	7500
6600	6580	6560	6540	6520	6500	6480

1

+	250	320	130
3430	3680	3750	3560
4610	4860	4930	4740
2120	2370	2440	2250

−	240	120	310
3560	3320	3440	3250
5780	5540	5660	5470
2450	2210	2330	2140

2
2430 + 320 = 2750
3140 + 510 = 3650

3140 + 650 = 3790
2220 + 330 = 2550

3
8270 − 120 = 8150
3840 − 730 = 3110

5790 − 540 = 5250
6560 − 450 = 6110

4
4700 + 2300 = 7000
2500 + 4500 = 7000

6800 + 2200 = 9000
1900 + 3100 = 5000

5 Streiche falsche Ergebnisse durch.

+	2210	1150
3640	5850	~~4780~~
4720	~~6940~~	5870

−	2150	3460
8570	~~6430~~	5110
4680	2530	~~1320~~

6 Berechne die Differenz von 10 000 und 9000. Addiere 900.
Die gesuchte Zahl ist die 1900.

Subtrahiere 5500 von 10 000. Addiere zur Differenz die Summe von 275 und 225.
Die gesuchte Zahl ist die 5000.

Addiere 1999 und 1001. Subtrahiere die Differenz von 1000 und 500 von der Summe.
Die gesuchte Zahl ist die 2500.

1

·	4	40	400
3	12	120	1200
6	24	240	2400
10	40	400	4000
12	48	480	4800

:	8	80	800
2400	300	30	3
4800	600	60	6
8000	1000	100	10
8800	1100	110	11

2 Was gehört zusammen? Rechne aus und verbinde.

5 · 300 = 1500	2400 : 400 = 6
7 · 800 = 5600	2800 : 700 = 4
8 · 900 = 7200	5600 : 800 = 7
4 · 700 = 2800	1500 : 300 = 5
6 · 400 = 2400	7200 : 900 = 8

3
4 · 300 = 1200 | 2 · 800 = 1600 | 8 · 800 = 6400
3 · 600 = 1800 | 6 · 700 = 4200 | 7 · 500 = 3500
5 · 600 = 3000 | 4 · 800 = 3200 | 9 · 300 = 2700

4
4500 : 900 = 5 | 3600 : 600 = 6 | 7200 : 900 = 8
3600 : 900 = 4 | 4800 : 600 = 8 | 5400 : 900 = 6
2800 : 400 = 7 | 8100 : 900 = 9 | 2100 : 700 = 3

5

1
4 km = 4000 m — 6 km = 6000 m — 10 km = 10000 m — 3 km = 3000 m
5 km 725 m = 5725 m — 8 km 705 m = 8705 m — 2 km 800 m = 2800 m — 9 km 128 m = 9128 m

2

6,671 km = 6671 m — 5,904 km = 5904 m — 5,052 km = 5052 m — 8,500 km = 8500 m
2989 m = 2,989 km — 4092 m = 4,092 km — 3210 m = 3,210 km — 7324 m = 7,324 km

3 Male gleiche Längen in einer Farbe aus.

4 km	7808 m	8,008 km	3650 m	3 km 65 m
3,650 km	808 m	3065 m	8008 m	7,808 km
8 km 8 m	3,065 km	3 km 650 m	0,808 km	4000 m

4 Gib in Meter an.

$\frac{1}{2}$ km = 500 m — $\frac{1}{4}$ km = 250 m — $\frac{3}{4}$ km = 750 m
$3\frac{1}{2}$ km = 3500 m — $5\frac{1}{4}$ km = 5250 m — $7\frac{3}{4}$ km = 7750 m
25,8 km = 25800 m — 7,005 km = 7005 m — 2 km 4 m = 2004 m

5 Ordne folgende Angaben richtig zu.

42,195 km | 508 m | 6671 km | 2962 m | 8850 m

Der höchste Berg der Welt ist 8850 m hoch.
Der höchste Berg Deutschlands ist 2962 m hoch.
Der längste Fluss der Welt ist 6671 km lang.
Ein Marathonlauf ist 42,195 km lang.
Das höchste Gebäude der Welt ist 508 m hoch.

1
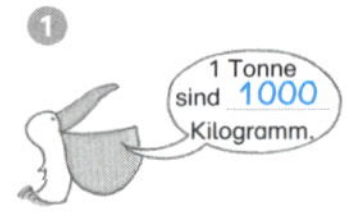

7 t = 7000 kg — 8 t = 8000 kg — 1 t = 1000 kg — 6 t = 6000 kg
3 t 125 kg = 3125 kg — 9 t 638 kg = 9638 kg — 1 t 7 kg = 1007 kg — 7 t 405 kg = 7405 kg

2
5000 kg = 5 t — 9000 kg = 9 t — 3000 kg = 3 t — 2000 kg = 2 t
6 t 350 kg = 6,350 t — 4 t 590 kg = 4,590 t — 1 t 250 kg = 1,250 t — 8 t 750 kg = 8,750 t
3570 kg = 3,570 t — 350 kg = 0,350 t — 5030 kg = 5,030 t — 2005 kg = 2,005 t

3 Was passt zusammen? Verbinde.

1 t — 6 t — 1,1 kg
Elefant — Löwe — Pelikan — Eisbär — Meerschweinchen — Mann
260 kg — 15 kg — 75 kg

4
7000 g = 7 kg — 5000 g = 5 kg — 10000 g = 10 kg
500 g = 0,5 kg — 250 g = 0,250 kg — 125 g = 0,125 kg
$\frac{1}{2}$ kg = 500 g — $\frac{1}{4}$ kg = 250 g — $\frac{3}{4}$ kg = 750 g

5 Vervollständige die Tabelle.

g	kg und g	kg
8713 g	8 kg 713 g	8,713 kg
5020 g	5 kg 20 g	5,020 kg
6005 g	6 kg 5 g	6,005 kg
3056 g	3 kg 56 g	3,056 kg

Fit mit Pele

1
Zahlenstrahl: 2000 … 7000
2700 — 3300 — 4200 — 4900 — 5500 — 6400 — 7700

2
Zahlenstrahl: 4300 … 4700
4220 — 4280 — 4350 — 4470 — 4590 — 4610 — 4630 — 4780

3
3200 + 2500 = 5700 — 4500 + 3500 = 8000
4320 + 1540 = 5860 — 2650 + 2780 = 5430

4
10000 – 3400 = 6600 — 10000 – 6500 = 3500
9390 – 4180 = 5210 — 8550 – 3330 = 5220

5
gelb: 3 · 800 — blau: 3 · 400 — rot: 3 · 1200 — gelb: 6 · 400 — blau: 2 · 600 — blau: 4 · 300
2 · 1200: gelb — 9 · 400: rot — 6 · 600: rot — 6 · 200: blau — 4 · 900: rot — 8 · 300: gelb

2400 — 3600 — 1200

6
5 t = 5000 kg — 2 t = 2000 kg — 9 t = 9000 kg
7000 kg = 7 t — 4000 kg = 4 t — 6000 kg = 6 t
8 t 201 kg = 8,201 t — 1 t 059 kg = 1,059 t — 5 t 003 kg = 5,003 t

7 Ordne nach der Länge.

99 km | 991 m | 10000 cm | 99,5 m | 1000 km

99,5 m < 10000 cm < 991 m < 99 km < 1000 km

1 Setze fort.

10000, 20000, 30000, 40000, 50000, 60000, 70000, 80000, 90000, 100000, 110000

2 < oder > ?

3000 > 2000 — 4000 < 7000 — 5000 < 9000
30000 > 20000 — 40000 < 70000 — 50000 < 90000
10000 > 9000 — 8000 > 4000 — 6000 < 7000
100000 > 90000 — 80000 > 40000 — 60000 < 70000

3 <, > oder = ?

40000 > 30000 — 60000 = 60000 — 50000 > 30000
20000 < 50000 — 80000 > 70000 — 90000 < 100000

4

100000	
50000	50000
20000	80000
40000	60000
10000	90000
30000	70000

100000	
40000	60000
100000	0
20000	80000
10000	90000
30000	70000

5

Zahl	30000	20000	10000	40000	50000
Doppelte	60000	40000	20000	80000	100000

Zahl	60000	40000	100000	20000	90000	70000
Hälfte	30000	20000	50000	10000	45000	35000

1 Streiche falsche Aufgaben durch.

2 50 000 + 40 000 = 90 000 | 30 000 + 40 000 = 70 000
70 000 + 20 000 = 90 000 | 50 000 + 30 000 = 80 000
60 000 + 40 000 = 100 000 | 60 000 + 20 000 = 80 000

3 70 000 – 30 000 = 40 000 | 100 000 – 80 000 = 20 000
40 000 – 20 000 = 20 000 | 90 000 – 50 000 = 40 000
70 000 – 50 000 = 20 000 | 80 000 – 40 000 = 40 000

4 20 000 + 30 000 = 50 000 | 60 000 + 40 000 = 100 000
30 000 + 10 000 = 40 000 | 20 000 + 40 000 = 60 000
70 000 + 20 000 = 90 000 | 40 000 + 50 000 = 90 000

5 60 000 – 30 000 = 30 000 | 80 000 – 30 000 = 50 000
40 000 – 30 000 = 10 000 | 50 000 – 30 000 = 20 000
100 000 – 20 000 = 80 000 | 70 000 – 40 000 = 30 000

6

+	20 000	30 000
40 000	60 000	70 000
60 000	80 000	90 000
10 000	30 000	40 000
50 000	70 000	80 000
70 000	90 000	100 000

–	30 000	20 000
50 000	20 000	30 000
80 000	50 000	60 000
70 000	40 000	50 000
40 000	10 000	20 000
30 000	0	10 000

1 Trage die Zahlen in die Stellentafel ein.

HT	ZT	T	H	Z	E	
	5	6	7	1	0	56 710
	7	3	0	1	2	73 012
1	0	0	0	0	0	100 000
	8	6	0	0	5	86 005

2 4 ZT 3 T 7 H 2 Z 6 E = 43 726 | 5 ZT 1 T 9 E = 51 009
7 ZT 5 T 2 H 6 Z 4 E = 75 264 | 9 ZT 9 T 10 E = 99 010
8 ZT 0 T 6 H 5 Z 7 E = 80 657 | 9 ZT 9 T 9 H 9 Z 10 E = 100 000

3 (Zahlenstrahl: 10 000 … 60 000; Fahnen A–H)

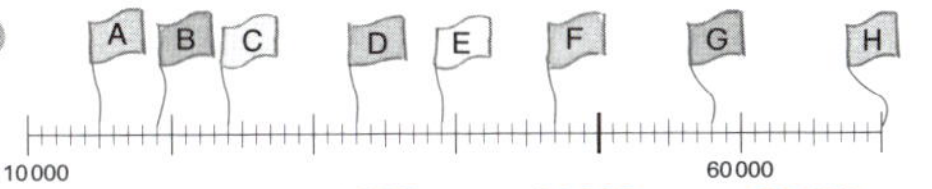

A = 15 000 | B = 19 000 | C = 24 000 | D = 33 000
E = 39 000 | F = 47 000 | G = 58 000 | H = 70 000

4 (Zahlenstrahl: 50 000 … 100 000)

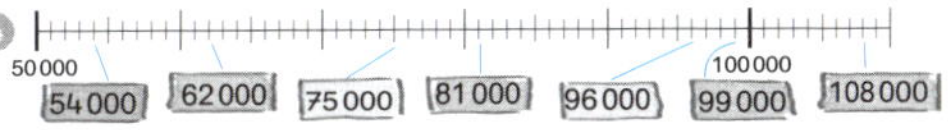

54 000 | 62 000 | 75 000 | 81 000 | 96 000 | 99 000 | 108 000

5 (Zahlenstrahl: 36 000 … 40 000; Fahnen A–H)

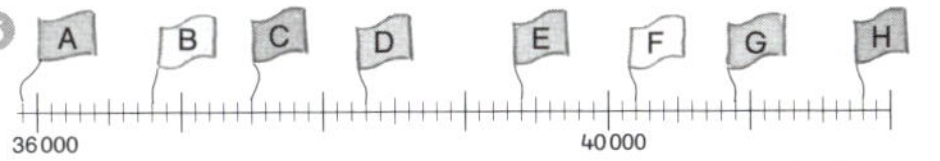

A = 35 900 | B = 36 800 | C = 37 500 | D = 38 300
E = 39 400 | F = 40 200 | G = 40 900 | H = 41 800

1 (Zahlenstrahl: 78 000 … 83 000)

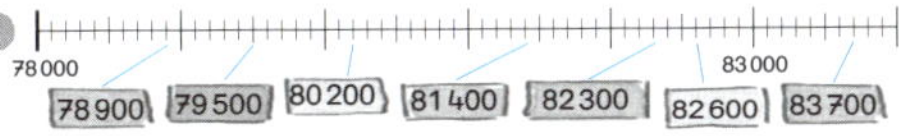

78 900 | 79 500 | 80 200 | 81 400 | 82 300 | 82 600 | 83 700

2 (Zahlenstrahl: 35 200 … 35 700; Fische A–H)

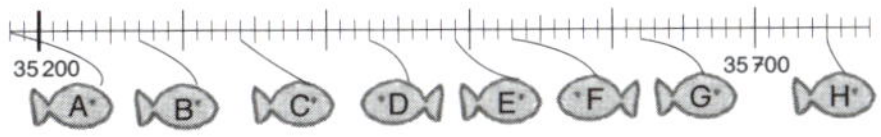

A = 35 180 | B = 35 270 | C = 35 340 | D = 35 430
E = 35 490 | F = 35 530 | G = 35 620 | H = 35 750

3

Vorgänger	Zahl	Nachfolger
73 215	73 216	73 217
45 306	45 307	45 308
26 409	26 410	26 411
82 798	82 799	82 800

Vorgänger	Zahl	Nachfolger
95 218	95 219	95 220
56 998	56 999	57 000
31 499	31 500	31 501
99 998	99 999	100 000

4 Nachbarzehntausender:

30 000 < 38 712 < 40 000
40 000 < 41 017 < 50 000
50 000 < 58 685 < 60 000
90 000 < 95 387 < 100 000

Nachbartausender:

24 000 < 24 345 < 25 000
73 000 < 73 215 < 74 000
65 000 < 65 501 < 66 000
79 000 < 79 999 < 80 000

Nachbarhunderter:

35 400 < 35 446 < 35 500
54 300 < 54 312 < 54 400
48 600 < 48 601 < 48 700
75 800 < 75 849 < 75 900

Nachbarzehner:

23 630 < 23 634 < 23 640
41 710 < 41 712 < 41 720
30 560 < 30 568 < 30 570
52 730 < 52 736 < 52 740

5 < oder > ?

65 315 > 56 315 | 78 602 < 78 620
23 112 < 23 211 | 45 089 < 45 909

1 320 + 450 = 770 | 280 + 320 = 600
3 200 + 4 500 = 7 700 | 2 800 + 3 200 = 6 000
32 000 + 45 000 = 77 000 | 28 000 + 32 000 = 60 000

2 480 – 210 = 270 | 910 – 450 = 460
4 800 – 2 100 = 2 700 | 9 100 – 4 500 = 4 600
48 000 – 21 000 = 27 000 | 91 000 – 45 000 = 46 000

3

45 200	47 200	49 200	51 200	53 200	55 200
25 800	30 800	35 800	40 800	45 800	50 800
99 200	99 100	99 000	98 900	98 800	98 700
62 720	61 720	60 720	59 720	58 720	57 720

4 45 300 + 12 000 = 57 300 | 36 500 + 21 000 = 57 500
23 000 + 31 200 = 54 200 | 75 000 + 22 400 = 97 400
32 100 + 25 700 = 57 800 | 43 600 + 34 200 = 77 800

5 86 700 – 40 000 = 46 700 | 58 600 – 30 000 = 28 600
73 400 – 50 000 = 23 400 | 96 900 – 70 000 = 26 900
69 800 – 40 700 = 29 100 | 64 300 – 40 200 = 24 100

6 Verbinde Aufgaben mit gleichem Ergebnis.

42 030 + 21 170 = 63 200
32 150 + 31 110 = 63 260
32 410 + 23 210 = 55 620
16 125 + 16 125 = 32 250
15 170 + 16 170 = 31 340

54 870 – 23 530 = 31 340
68 780 – 36 530 = 32 250
80 000 – 24 380 = 55 620
84 470 – 21 210 = 63 260
100 000 – 36 800 = 63 200

Multiplizieren und dividieren bis 100 000

1

·	50	500	5 000
3	150	1 500	15 000
5	250	2 500	25 000
10	500	5 000	50 000
12	600	6 000	60 000

:	7	70	700
21 000	3 000	300	30
42 000	6 000	600	60
70 000	10 000	1 000	100
77 000	11 000	1 100	110

2

15 000
3 · 5 000
30 · 500
300 · 50
3 000 · 5

21 000
3 · 7 000
30 · 700
300 · 70
3 000 · 7

32 000
4 · 8 000
40 · 800
400 · 80
4 000 · 8

3

18 000 : 3 = 6 000
18 000 : 30 = 600
18 000 : 300 = 60
18 000 : 3 000 = 6

36 000 : 4 = 9 000
36 000 : 40 = 900
36 000 : 400 = 90
36 000 : 4 000 = 9

4

6 · 4 000 = 24 000
4 000 · 6 = 24 000
24 000 : 4 000 = 6
24 000 : 6 = 4 000

80 · 500 = 40 000
500 · 80 = 40 000
40 000 : 500 = 80
40 000 : 80 = 500

5 Wie viele Scheine werden benötigt? Finde verschiedene Lösungen.

	500	200	100
25 000 €	50	-	-
25 000 €	10	100	-
25 000 €	40	-	50

Achsen- und Drehsymmetrie

1 Welche Figuren sind drehsymmetrisch? Kreuze an.

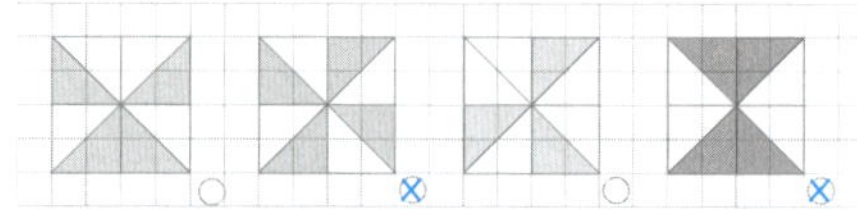

2 Ergänze zu symmetrischen Figuren.

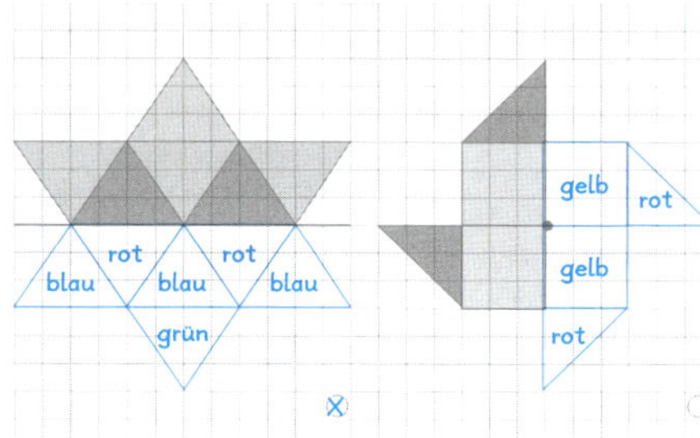

3 Spiegele und male aus.

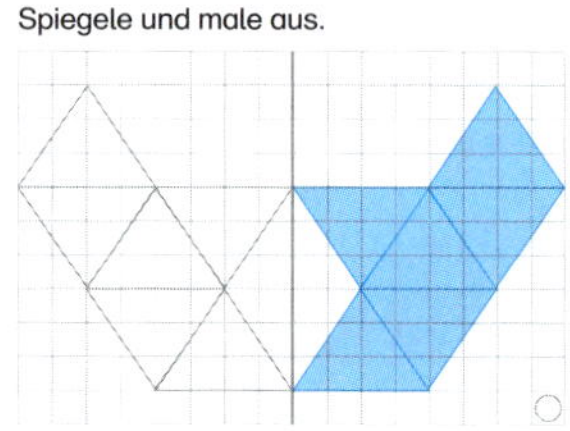

1

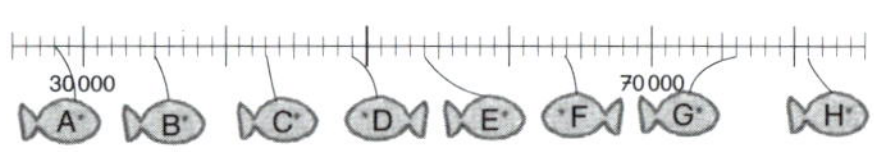

A = 28 000 B = 35 000 C = 43 000 D = 49 000
E = 54 000 F = 64 000 G = 76 000 H = 81 000

2

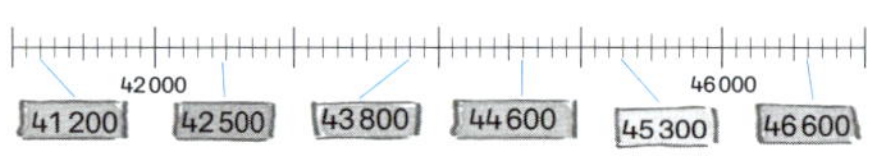

3

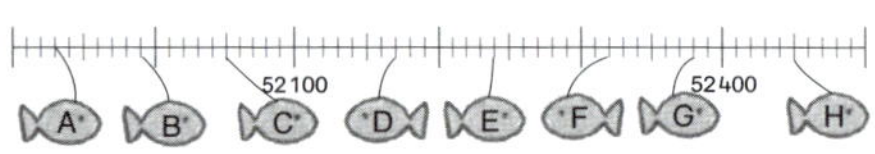

A = 51 930 B = 51 990 C = 52 050 D = 52 170
E = 52 240 F = 52 320 G = 52 380 H = 52 450

4 <, > oder = ?

53 612 < 56 312 13 907 > 12 907 86 536 = 86 536
44 107 < 44 701 15 603 > 15 503 72 901 > 72 109

5 34 800, 36 800, 38 800, 40 800, 42 800, 44 800, 46 800
72 540, 71 540, 70 540, 69 540, 68 540, 67 540, 66 540

6 32 500 + 67 500 = 100 000 100 000 – 54 300 = 45 700
56 300 + 43 700 = 100 000 100 000 – 68 100 = 31 900

7 60 · 900 = 54 000 24 000 : 6 000 = 4
700 · 80 = 56 000 32 000 : 800 = 40
40 · 500 = 20 000 16 000 : 40 = 400

Fit mit Pele

Hunderttausenderzahlen

1 Setze fort.

100 000, 200 000, 300 000, 400 000, 500 000,
600 000, 700 000, 800 000, 900 000, 1 000 000.

2 < oder >?

40 000 > 30 000 50 000 < 70 000
400 000 > 300 000 500 000 < 700 000

20 000 < 40 000 80 000 > 70 000
200 000 < 400 000 800 000 > 700 000

3 <, > oder =?

200 000 < 300 000 800 000 = 800 000
500 000 > 200 000 900 000 > 500 000

4

1 000 000	
400 000	600 000
200 000	800 000
500 000	500 000
100 000	900 000
300 000	700 000

1 000 000	
300 000	700 000
500 000	500 000
100 000	900 000
400 000	600 000
200 000	800 000

5

Zahl	200 000	400 000	100 000	300 000	500 000
Doppelte	400 000	800 000	200 000	600 000	1 000 000

Zahl	400 000	1 000 000
Hälfte	200 000	500 000

Zahl	700 000	900 000
Hälfte	350 000	450 000

1 Verbinde Aufgaben mit gleichem Ergebnis.

400 000 + 300 000	900 000 – 300 000
200 000 + 600 000	800 000 – 500 000
300 000 + 200 000	700 000 – 200 000
500 000 + 100 000	1 000 000 – 100 000
600 000 + 300 000	900 000 – 100 000
200 000 + 100 000	1 000 000 – 300 000

2

+	200 000	300 000
300 000	500 000	600 000
500 000	700 000	800 000
200 000	400 000	500 000
100 000	300 000	400 000

–	300 000	500 000
700 000	400 000	200 000
600 000	300 000	100 000
900 000	600 000	400 000
800 000	500 000	300 000

3 Zahlenrätsel.

Meine Zahl ist um 100 000 kleiner als das Doppelte von 300 000.
Die gesuchte Zahl ist die 500 000 .

Meine Zahl ist um 200 000 größer als die Hälfte von 800 000.
Die gesuchte Zahl ist die 600 000 .

Meine Zahl hat 0 E, 0 Z und 0 H.
Sie ist kleiner als die Hälfte von 300 000, aber größer als das Doppelte von 70 000.
Welche Zahlen passen? 141 000 , 142 000 , 143 000 , 144 000 , 145 000 , 146 000 , 147 000 , 148 000 , 149 000

1 Trage die Zahlen in die Stellentafel ein.

zweihundertdreiundzwanzigtausendvierhundertelf
fünfhunderteinunddreißigtausendzweihundertsiebzehn
vierhundertsiebentausenddreihundertneunzig
sechshundertdreitausendvierhunderteins

M	HT	ZT	T	H	Z	E
	2	2	3	4	1	1
	5	3	1	2	1	7
	4	0	7	3	9	0
	6	0	3	4	0	1

2 4 HT 0 ZT 6 T 7 H 0 Z 0 E = 406 700
3 HT 0 ZT 8 T 6 H 0 Z 4 E = 308 604
6 HT 1 ZT 2 T 0 H 5 Z 3 E = 612 053

3 403 210 = 4 HT 0 ZT 3 T 2 H 1 Z 0 E
500 336 = 5 HT 0 ZT 0 T 3 H 3 Z 6 E
601 070 = 6 HT 0 ZT 1 T 0 H 7 Z 0 E

4

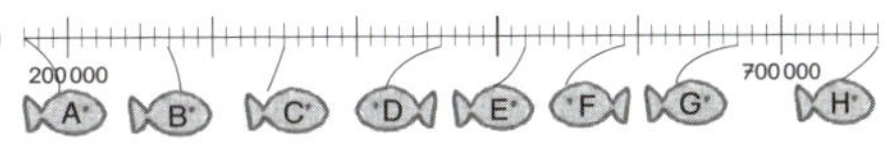

A = 170 000 B = 270 000 C = 350 000 D = 460 000
E = 520 000 F = 590 000 G = 670 000 H = 770 000

5

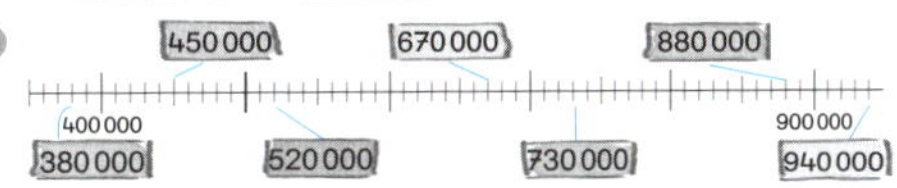

1

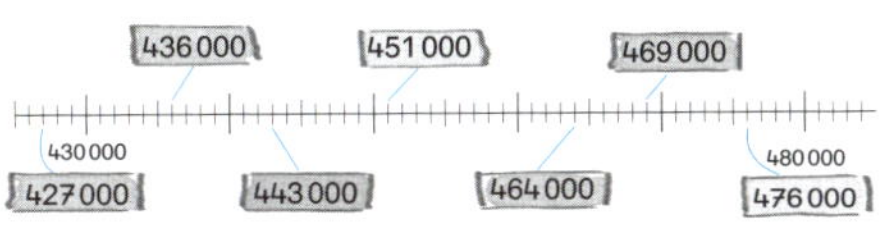

2

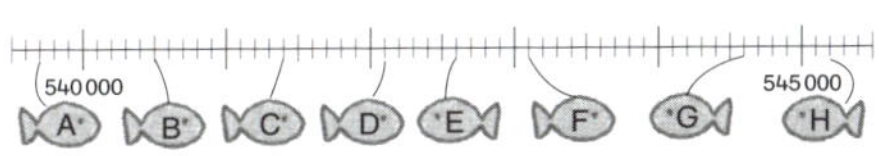

A = 539 700 B = 540 500 C = 541 400 D = 542 100
E = 542 600 F = 543 100 G = 544 600 H = 545 200

3

Vorgänger	Zahl	Nachfolger
448 319	448 320	448 321
507 200	507 201	507 202
615 598	615 599	615 600

Vorgänger	Zahl	Nachfolger
339 998	339 999	340 000
421 798	421 799	421 800
999 998	999 999	1 000 000

4 < oder >?

325 468 < 352 468
512 212 < 512 221
607 177 < 617 077

425 126 < 425 162
309 715 > 307 915
763 099 > 763 098

5 Bilde aus den Zahlen 0, 2, 4, 6 und 8 die größtmögliche und die kleinstmögliche 6-stellige Zahl.

200 468 864 200

Bilde aus den Zahlen 1, 5, und 7 zwei 6-stellige Zahlen, die man vorwärts und rückwärts (ANNA-Zahlen) lesen kann.

751 157 517 715

1

4300 + 2500 = 6800 3600 + 2400 = 6000
43 000 + 25 000 = 68 000 36 000 + 24 000 = 60 000
430 000 + 250 000 = 680 000 360 000 + 240 000 = 600 000

2

5700 – 2300 = 3400 8100 – 4500 = 3600
57 000 – 23 000 = 34 000 81 000 – 45 000 = 36 000
570 000 – 230 000 = 340 000 810 000 – 450 000 = 360 000

3 Setze die Reihen fort.

450 000, 500 000, 550 000, 600 000 , 650 000 , 700 000
630 000, 620 000, 610 000, 600 000 , 590 000 , 580 000

4

620 000 + 80 000 = 700 000 352 000 + 48 000 = 400 000
834 000 + 66 000 = 900 000 576 000 + 24 000 = 600 000
458 100 + 41 900 = 500 000 912 400 + 87 600 = 1 000 000

5

436 000 – 36 000 = 400 000 568 000 – 68 000 = 500 000
345 178 – 45 178 = 300 000 712 145 – 12 145 = 700 000
253 719 – 53 719 = 200 000 999 999 – 99 999 = 900 000

6 Herr Müller hat für sein Auto eine Versicherung abgeschlossen.
Er will nicht mehr als 20 000 km im Jahr fahren.
Sein Tacho zeigt 48 725 km bei Versicherungsbeginn.

Frage: Welchen Tachostand darf er erreichen?
Rechnung: 48 725 + 20 000 = 68 725 km
Antwort: Der Tachostand darf 68 725 km erreichen.

1

·	600	6000	60 000
3	1800	18 000	180 000
5	3000	30 000	300 000
10	6000	60 000	600 000
12	7200	72 000	720 000

:	300	3000	30 000
240 000	800	80	8
270 000	900	90	9
300 000	1000	100	10
330 000	1100	110	11

2

1 000 000	10
5 · 200 000	1 000 000 : 100 000
50 · 20 000	100 000 : 10 000
500 · 2000	10 000 : 1000
5000 · 200	1000 : 100
50 000 · 20	100 : 10
500 000 · 2	10 : 1

3 400 · 300 = 120 000 5000 · 70 = 350 000
300 · 700 = 210 000 800 · 50 = 40 000
8 · 40 000 = 320 000 700 · 400 = 280 000

4 540 000 = 600 · 900 72 000 = 800 · 90
450 000 = 500 · 900 21 000 = 300 · 70
360 000 = 400 · 900 27 000 = 900 · 30

5 240 000 : 400 = 600 490 000 : 7000 = 70
36 000 : 60 = 600 48 000 : 800 = 60
4200 : 70 = 60 5600 : 700 = 8

6 810 000 : 900 = 900 6400 : 80 = 80
160 000 : 400 = 400 4900 : 70 = 70
250 000 : 500 = 500 3600 : 60 = 60

1 3000 ml = 3 l 5 l = 5000 ml 4 l 200 ml = 4200 ml
10 000 ml = 10 l 9 l = 9000 ml 2 l 805 ml = 2805 ml
6000 ml = 6 l 7 l = 7000 ml 8 l 50 ml = 8050 ml

0,5 l = 500 ml 3725 ml = 3,725 l 1090 ml = 1 l 90 ml
0,3 l = 300 ml 1903 ml = 1,903 l 9006 ml = 9 l 6 ml
2,5 l = 2500 ml 4050 ml = 4,050 l 1750 ml = 1 l 750 ml

2 Zeichne ein und ergänze Fehlendes.

$\frac{1}{2}$ l = 500 ml = 0,5 l

$\frac{1}{4}$ l = 250 ml = 0,25 l

$\frac{1}{8}$ l = 125 ml = 0,125 l

$\frac{3}{4}$ l = 750 ml = 0,75 l

3 Ordne richtig zu.

1 l	ein großer Eimer Wasser
200 ml	Inhalt einer Tube Zahnpasta
10 l	ein Esslöffel Milch
75 ml	ein Glas Tee
10 ml	eine Packung Apfelsaft

4 Für ein Vollbad benötigst du etwa 120 Liter Wasser.
Beim Duschen verbrauchst du etwa 30 Liter Wasser.
Wie viel Wasser kannst du sparen, wenn du statt zweimal zu baden, zweimal duschst?

Rechnung: 240 – 60 = 180

Antwort: Ich kann 180 Liter Wasser sparen.

1

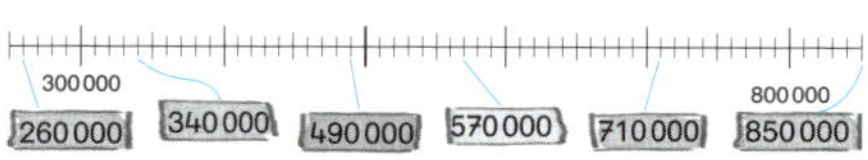

2

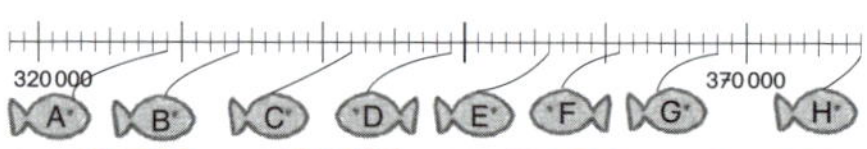

A = 329 000 B = 334 000 C = 342 000 D = 349 000
E = 356 000 F = 361 000 G = 368 000 H = 379 000

3

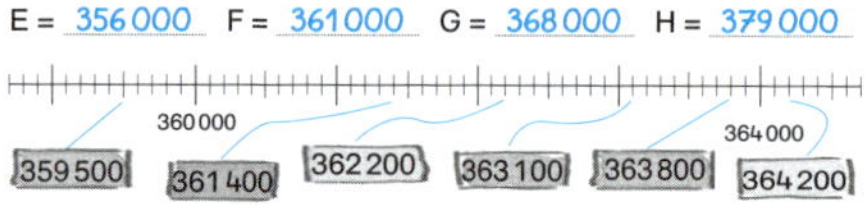

4 < oder >?

436 215 < 436 251 346 581 < 346 182
317 211 > 317 112 461 307 > 416 307
503 099 < 503 100 999 099 < 999 909

5 416 320, 516 320, 616 320, 716 320, 816 320, 916 320
212 417, 232 417, 252 417, 272 417, 292 417, 312 417
640 700, 640 200, 639 700, 639 200, 638 700, 638 200
732 511, 722 511, 712 511, 702 511, 692 511, 682 511

6 4000 · 40 = 160 000 120 000 : 400 = 300
300 · 500 = 150 000 12 000 : 40 = 300
60 · 5000 = 300 000 120 000 : 4000 = 30

7 4000 ml = 4 l 5309 ml = 5,309 l
7000 ml = 7 l 4820 ml = 4,820 l
9000 ml = 9 l 1945 ml = 1,945 l

1

5436 + 4096 = 9532
72 158 + 85 426 = 157 584
64 395 + 41 309 = 105 704
18 139 + 97 687 = 115 826

2 Rechne nach und kreise die Fehler ein.
Schreibe das Ergebnis dann richtig auf.

23 546 + 7845 + 52 304 = 82 695 → 83 695
30 687 + 45 313 + 8964 = 84 954 → 84 964
47 062 + 37 859 + 9426 = 99 447 → 94 347
555 + 444 + 333 = 1222 → 1332

3 Schreibe untereinander und rechne.

45 769 + 463 + 8695
15 808 + 45 825 + 20 976
37 658 + 2179 + 986

45 769 + 463 + 8695 = 54 927
37 658 + 2179 + 986 = 40 823
20 976 + 45 825 + 15 808 = 82 609

4 Welche Zahl erhältst du, wenn du zum Doppelten der Zahl 2489 die Zahl 13 702 addierst?

2489 + 2489 = 4978
13 702 + 4978 = 18 680

Ich erhalte die Zahl 18 680.

Schriftliche Subtraktion

1

375849	843076	42 2431
− 117228	− 124090	− 34256
258621	718986	388175

2

182346	105758	69004
− 76588	− 36754	− 57546
105758	69004	11458

3 Schreibe untereinander und rechne.

48164 – 7865 75566 – 9807 92698 – 33777

48164	75566	92698
− 7865	− 9807	− 33777
40299	65759	58921

4 Kreise die Fehler ein und schreibe das Ergebnis richtig auf.

987654	674893	854317
− 103789	− 320956	− 475908
882865	353837	478409
883865	353937	378409

5 Pele hat mit Tinte gekleckst. Ergänze Fehlendes.

23962	5672	8310
− 12574	− 1829	− 367
11388	3843	7943

6 Wie groß ist die Differenz zwischen 526879 und 176987?

526879
− 176987
349892

Sachrechnen

1 Der höchste Berg Afrikas ist der Kilimandscharo.
Er ist 5895 m hoch. Wenn du den höchsten Berg der Welt, den Mount Everest, besteigen willst, musst du 2955 m höher klettern. Wie hoch ist der Mount Everest?

Rechnung:

5895 m
+ 2955 m
8850 m

Antwort: Der Mount Everest ist 8850 m hoch.

2 Die Transsibirische Eisenbahn fährt von Moskau nach Wladiwostok. Dabei legt sie in Europa 1777 km und in Asien 7512 km zurück.

Frage: Wie viele Kilometer sind das insgesamt?

Rechnung:

1777 km
+ 7512 km
9289 km

Antwort: Es sind insgesamt 9289 Kilometer

3 Während der Bundesliga-Saison 2004/2005 besuchten durchschnittlich 77235 Zuschauer die Heimspiele des Vereins Borussia Dortmund. Beim FC Schalke waren es 61341 und beim FC Bayern München 53299 Zuschauer.

Frage: Wie viele Zuschauer sind es jeweils mehr bei Borussia Dortmund?

Rechnung:

77235	77235
− 61341	− 53299
15894 (Schalke)	23936 (Bayern München)

Antwort: Es sind jeweils 15894 und 23936 Zuschauer mehr bei Borussia Dortmund.
(Es gibt auch noch andere Lösungsmöglichkeiten bei 3)

Senkrecht und parallel

1 Wo sind rechte Winkel? Zeichne ⦜ ein:

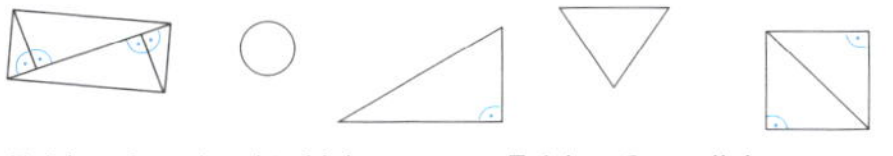

2 Zeichne 3 senkrechte Linien zu a:

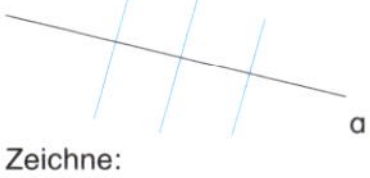

Zeichne 3 parallele Linien zu b:

3 Zeichne:

a ⊥ c d ∥ b e ∥ c

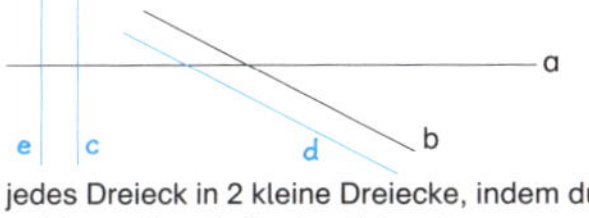

4 Teile jedes Dreieck in 2 kleine Dreiecke, indem du eine Senkrechte zu einer Seite einzeichnest:

5 Setze das Muster mit dem Geodreieck fort, male aus.

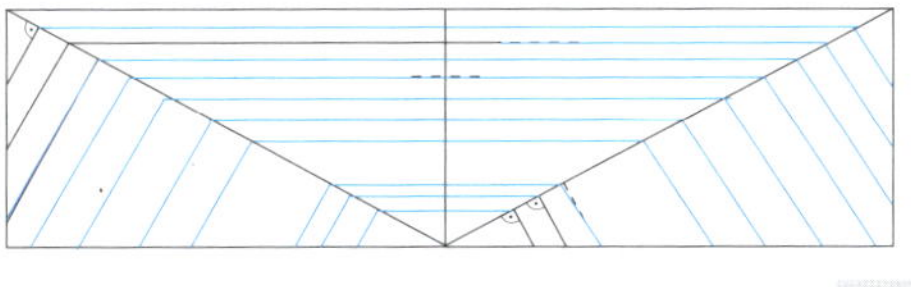

Quadrate und Rechtecke

1 Zeichne je ein Quadrat mit a = 3 cm und a = 2,5 cm.

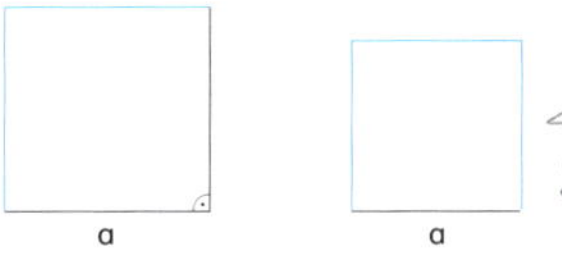

2 Zeichne ein Rechteck mit a = 12 cm und b = 2 cm.

3 Miss die Seitenlängen und vervollständige zu Quadraten oder Rechtecken:

1 Frau Lustig hat einen quadratischen Garten.
Sie kauft einen Zaun von 140 m Länge.
Wie lang ist eine Seite des Gartens?

Rechnung:
140 : 4 = 35
120 : 4 = 30
20 : 4 = 5

Antwort: Eine Seite ist 35 m lang.

2 Familie Hinze misst ihren rechteckigen Garten aus.
Die kurze Seite ist 12 m lang, die andere Seite doppelt so lang.
Wie groß ist der Umfang (U)?

U = 12 m + 12 m + 24 m + 24 m = 72 m

Antwort: Der Umfang beträgt 72 m.

3 Berechne den Umfang (U) in mm:

a) 
U = 15 + 15 + 21 + 21 = 72 mm

b) 
U = 17 + 17 + 17 + 17 = 68 mm

4 Pele legt Fliesen. Wie viele Fliesen benutzt er?
Berechne die Fläche (F).

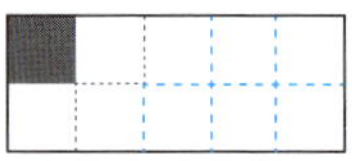
F = 2 · 5 = 10 Fliesen.

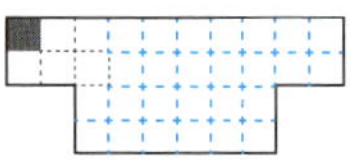
F = 2 · 10 + 2 · 6 = 32 Fliesen.

1 Zeichne je 3 Kreise – um M mit Radius r = 1 cm, 2 cm, 3 cm
– um N mit Radius r = 0,5 cm, 1,5 cm, 2,5 cm

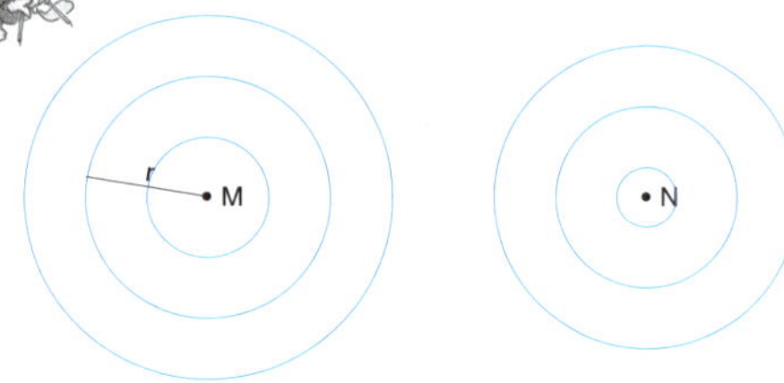

2 Der Durchmesser d ist doppelt so groß wie der Radius r.

r	1 cm	1,5 cm	12 mm	37 mm	2 cm	3,5 cm	8 mm	25 mm
d	2 cm	3 cm	24 mm	74 mm	4 cm	7 cm	16 mm	50 mm

3 Zeichne mit dem Zirkel ein Muster:

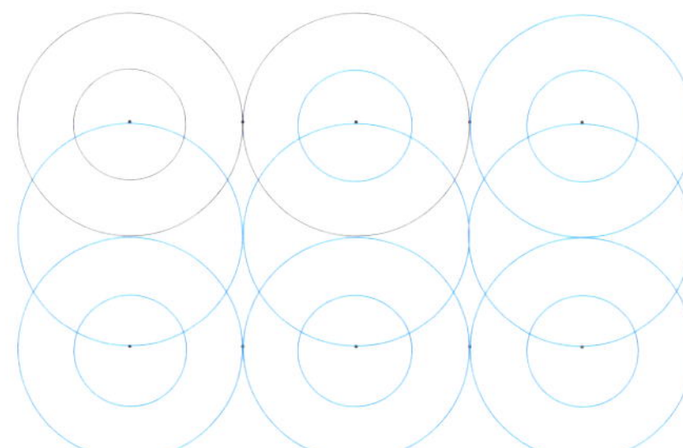

(Lösungsbeispiel)

Fit mit Pele

1
37590 + 56679 = 94269
48953 + 75937 = 124890
578329 + 368974 = 947303

2
67085 − 13097 = 53988
1000000 − 789654 = 210346
666666 − 248958 = 417708

Kontrolliere die Ergebnisse jeweils mit Hilfe der Addition.

53988 + 13097 = 67085
210346 + 789654 = 1000000
417708 + 248958 = 666666

3 Herr Schulz ist Pilot. In einer Woche ist er folgende Strecke geflogen:
Frankfurt – Singapur (10558 km), Singapur – Perth (3919 km),
Perth – Singapur (3919 km), Singapur – Frankfurt (10558 km)

Frage: Wie viele Kilometer sind es insgesamt?

Rechnung:
10558 km + 10558 km = 21116 km
3919 km + 3919 km = 7838 km
21116 km + 7838 km = 28954 km

Antwort: Insgesamt sind es 28954 Kilometer.

4 Schreibe untereinander und rechne.

425,99 € + 1009,75 € + 3237,89 €

47962 m + 58935 m + 63194 m

425,99 € + 1009,75 € + 3237,89 € = 4673,63 €
47962 m + 58935 m + 63194 m = 170091 m

1
432 · 2 = 864
303 · 3 = 909
344 · 2 = 688
1221 · 4 = 4884
4340 · 2 = 8680
2313 · 3 = 6939

2
817 · 6 = 4902
742 · 5 = 3710
523 · 4 = 2092
4059 · 9 = 36531
4824 · 6 = 28944
1632 · 7 = 11424

3 Runde auf Tausender.

4217 ≈ 4000 | 6973 ≈ 7000 | 3898 ≈ 4000
5106 ≈ 5000 | 1118 ≈ 1000 | 2729 ≈ 3000

4 Überschlage und rechne schriftlich.

Ü: 4000 · 3 = 12000
4217 · 3 = 12651

Ü: 7000 · 4 = 28000
6902 · 4 = 27608

Ü: 8000 · 7 = 56000
7777 · 7 = 54439

Ü: 2000 · 5 = 10000
2435 · 5 = 12175

Ü: 8000 · 6 = 48000
8356 · 6 = 50136

Ü: 4000 · 8 = 32000
3770 · 8 = 30160

5 Ein LKW lädt 6 Maschinen auf.
Eine Maschine wiegt 735 kg.
Seine Ladung ist 4410 kg schwer.

735 · 6 = 4410

Schriftlich multiplizieren mit Zehnerzahlen

1

55 · 10 = 550 473 · 10 = 4730 4801 · 10 = 48 010

37 · 10 = 370 592 · 10 = 5920 7660 · 10 = 76 600

81 · 10 = 810 707 · 10 = 7070 5005 · 10 = 50 050

2

473 · 20 = 9460

4801 · 20 = 96020

592 · 50 = 29600

7660 · 60 = 459600

707 · 80 = 56560

37 · 40 = 1480

5005 · 90 = 450450

3 Überschlage und rechne schriftlich.

Ü: 12 000 — 396 · 30 = 11880

Ü: 18 000 — 612 · 30 = 18360

Ü: 28 000 — 709 · 40 = 28360

Ü: 480 000 — 5778 · 80 = 462240

Ü: 700 000 — 9884 · 70 = 691880

Ü: 100 000 — 2259 · 50 = 112950

Ü: 810 000 — 9631 · 90 = 866790

Ü: 60 000 — 2756 · 20 = 55120

Ü: 240 000 — 3525 · 60 = 211500

4 Finde die Fehler und kreise sie ein. Schreibe das richtige Ergebnis auf.

1709 · 30 = 51070

4420 · 50 = 221050

6365 · 20 = 127400

richtig:

51270 221000 127300

Schriftlich multiplizieren mit Hunderterzahlen

1

314 · 100 = 31400 2617 · 100 = 261700

429 · 100 = 42900 1083 · 100 = 108300

816 · 100 = 81600 4510 · 100 = 451000

2

816 · 700 = 571200

429 · 400 = 171600

2617 · 300 = 785100

1083 · 600 = 649800

4510 · 200 = 902000

1519 · 500 = 759500

1297 · 300 = 389100

2089 · 400 = 835600

3 Eine Autobahn wird neu geteert. Die Bauarbeiter schaffen 800 m pro Tag. Sie werden 135 Tage daran arbeiten müssen.

Rechnung:

135 · 800 m = 108000 m

Die Autobahn ist 108 000 m lang.

Das sind 108 km.

4 Bei einem Sponsorenlauf läuft die Klasse 4a auf dem Sportplatz 215 Runden. Eine Runde ist 400 m lang. Die Kinder rechnen aus, wie viele Meter die Klasse insgesamt läuft.

Rechnung: 215 · 400 = 86000

Alle zusammen laufen 86 000 m, das sind 86 km.

5 Welche Zahlen fehlen?

303 · 400 = 121200

725 · 200 = 145000

195 · 500 = 97500

Schriftlich multiplizieren mit Kommazahlen

1

4,76 m · 2 = 9,52 m

12,49 m · 2 = 24,98 m

62,40 m · 5 = 312,00 m

38,05 m · 5 = 190,25 m

13,99 € · 7 = 97,93 €

71,17 € · 7 = 498,19 €

48,84 € · 6 = 293,04 €

2

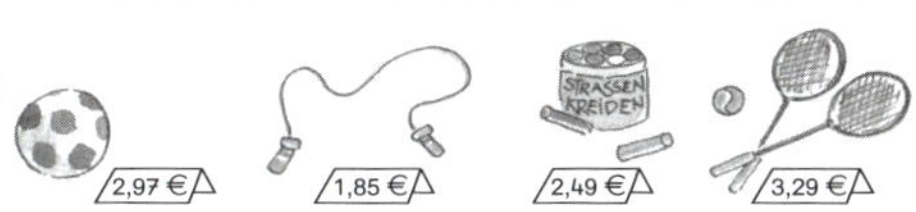

Frau Schneider kauft für die Klasse 4c Pausenspiele.
Sie entscheidet sich für 5 Hüpfseile, 3 Tennisspiele und jeweils 2 Fußbälle und Straßenkreiden. Was zahlt sie insgesamt?

1,85 € · 5 = 9,25 €

3,29 € · 3 = 9,87 €

2,97 € · 2 = 5,94 €

2,49 € · 2 = 4,98 €

9,25 € + 9,87 € + 5,94 € + 4,98 € = 30,04 €

Frau Schneider bezahlt 30,04 Euro.
Sie gibt der Verkäuferin einen 50 €-Schein.

F: Wie viel Geld bekommt sie zurück?

R: 50 € – 30,04 € = 19,96 €

A: Sie bekommt 19,96 € zurück.

Schriftlich multiplizieren mit zweistelligen Zahlen

1

38 · 13 = 494 47 · 12 = 564

38 · 10 = 380 47 · 10 = 470

38 · 3 = 114 47 · 2 = 94

84 · 11 = 924 56 · 14 = 784 72 · 13 = 936

84 · 10 = 840 56 · 10 = 560 72 · 10 = 720

84 · 1 = 84 56 · 4 = 224 72 · 3 = 216

2

48 · 19: 48 / 432 / 912

74 · 23: 148 / 222 / 1702

86 · 32: 258 / 172 / 2752

59 · 28: 118 / 472 / 1652

324 · 26: 648 / 1944 / 8424

417 · 32: 1251 / 834 / 13344

209 · 56: 1045 / 1254 / 11704

706 · 77: 4942 / 4942 / 54362

1058 · 25: 2116 / 5290 / 26450

2105 · 19: 2105 / 18945 / 39995

2008 · 88: 16064 / 16064 / 176704

3 Welche Aufgaben sind falsch gelöst worden?
Finde die Fehler und rechne neu:

256 · 37: 768 / 1792 / 9472

3508 · 24: 7016 / 14002 / 84162

3508 · 24: 7016 / 14032 / 84192

395 · 26: 790 / + 2370 / 3160

1234 · 56: 6170 / + 7404 / 69104

395 · 26: 790 / 2370 / 10270

Schriftlich multiplizieren mit dreistelligen Zahlen

1

```
172 · 260      253 · 240      109 · 340
  344            506            327
   1032           1012            436
     000            000            000
  44720          60720          37060
```

2

```
814 · 135      629 · 271      424 · 242
 814            1258            848
  2442            4403           1696
    4070            629            848
 109890         170459         102608

508 · 281      740 · 369      485 · 306
 1016           2220            1455
   4064           4440            000
      508           6660           2910
 142748         273060         148410
```

3 Ü: 400 · 200 = 80 000   Ü: 600 · 200 = 120 000

```
395 · 209      614 · 188
 790            614
  000            4912
   3555            4912
  82555         115432
```

4 Prüfe mit einem Überschlag, ob das Ergebnis [r]ichtig oder [f]alsch sein kann.

478 · 621 = 296 838	r	Ü: 500 · 600 = 300 000
516 · 386 = 99 176	f	Ü: 500 · 400 = 200 000
704 · 204 = 143 616	r	Ü: 700 · 200 = 140 000
899 · 295 = 165 205	f	Ü: 900 · 300 = 270 000
318 · 292 = 102 856	f	Ü: 300 · 300 = 90 000

Sachaufgaben

1 An einem Tag fahren durchschnittlich 1 165 Autos an der Schule vorbei.

a) Wie viele Autos sind es im Monat Februar?

b) Wie viele im Monat Mai?

c) Wie viele Autos sind es in einem Jahr?

```
1165 · 28
  2330
   9320
  32620

1165 · 31
  3495
   1165
  36115

1165 · 365
  3495
   6990
    5825
  425225
```

Es sind 32 620 Autos im Februar, 36 115 im Mai und 425 225 in einem ganzen Jahr.

2 Jeanie zählt vor ihrem Haus 153 Autos in einer Stunde und überlegt, wie viele es am ganzen Tag wären, wenn immer gleich viel Verkehr wäre.

```
153 · 24
 306
  612
 3672

3672 · 7
 25704

25704 · 52
 128520
   51408
 1336608
```

Es wären 3672 Autos am Tag. In einer Woche wären es 25 704 Autos.

Sie fragt sich, ob in 52 Wochen wohl mehr als 1 Million Autos zusammenkommen. Kannst du ihr helfen?

Körpernetze

1 Wie heißen diese Körper?

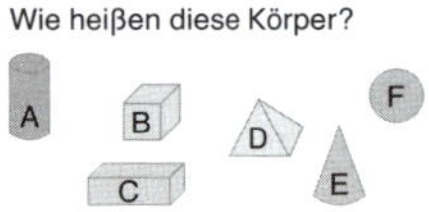

F Kugel
C Quader
A Zylinder
B Würfel
E Kegel
D Pyramide

2 Welche Körper kann man aus den Netzen falten?

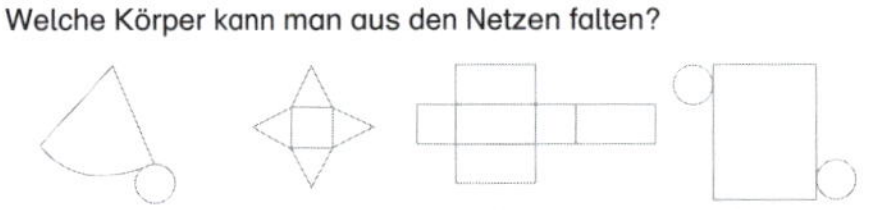

Kegel | Pyramide | Quader | Zylinder

3 Welche Figuren sind keine Würfelnetze?

Streiche durch:

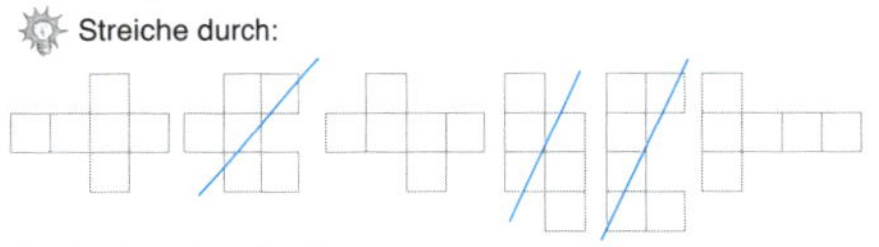

4 Zeichne 3 weitere Würfelnetze:

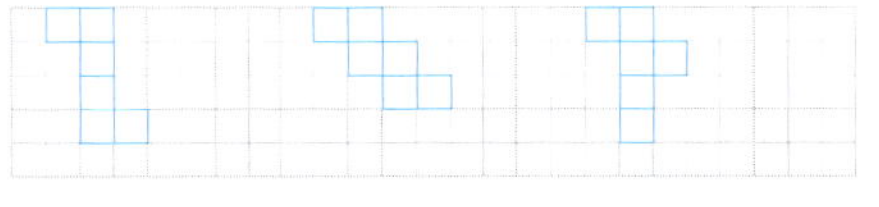

5 Welche Seiten liegen sich nach dem Falten gegenüber? Male mit derselben Farbe an:

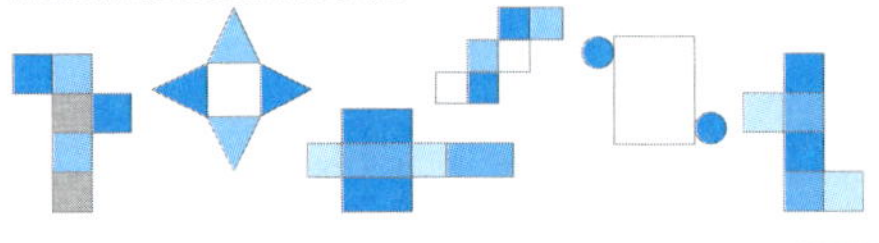

Maßstab

1 Verkleinere die Gießkanne im Maßstab 1:2.

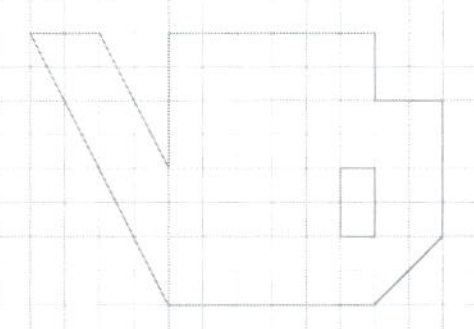

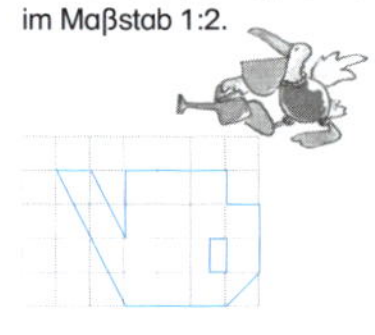

2 Diese Blumen sind im Maßstab 1:10 abgebildet. Miss sie nach. Wie groß (hoch) sind sie in Wirklichkeit?

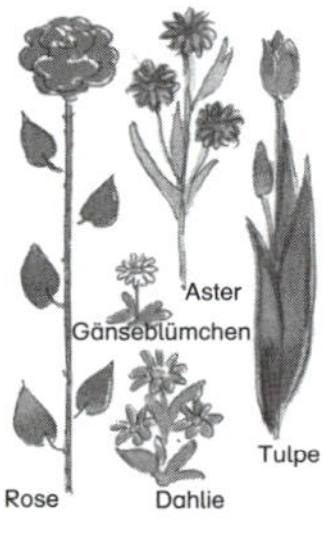

Blume	gemessen	in Wirklichkeit
Gänse-blümchen	1,1 cm	11 cm
Rose	7 cm	70 cm
Aster	4,2 cm	42 cm
Tulpe	6 cm	60 cm
Dahlie	2,1 cm	21 cm

3 Stell dir vor, du zeichnest Bäume im Maßstab 1:100.

Tanne 2,75 m → 2,75 cm
Buche 6,15 m → 6,15 cm
Kiefer 9,30 m → 9,3 cm
Eiche 12,60 m → 12,6 cm

Das ist Lara im Maßstab 1:100.

In Wirklichkeit ist sie 1,60 groß.

1

573 · 9 = 5157
685 · 4 = 2740
1159 · 6 = 6954
1370 · 4 = 5480
1719 · 3 = 5157
2318 · 3 = 6954

2

Ü: 2400 — 84 · 30 = 2520
Ü: 18000 — 312 · 60 = 18720
Ü: 350000 — 5209 · 70 = 364630
Ü: 12000 — 59 · 200 = 11800
Ü: 420000 — 608 · 700 = 425600
Ü: 800000 — 2118 · 400 = 847200

3

0,39 € · 6 = 2,34 €

2,34 € − 1,99 € = 0,35 €

Pele spart 0,35 €.

4

Ü: 5000 — 143 · 48: 572, 1144 → 6864
Ü: 8000 — 209 · 37: 627, 1463 → 7733
Ü: 35000 — 516 · 75: 3612, 2580 → 38700
Ü: 60000 — 216 · 294: 432, 1944, 864 → 63504
Ü: 80000 — 406 · 203: 812, 000, 1218 → 82418

Schriftlich dividieren mit Einerzahlen

1

4920 : 6 = 820
4800 : 6 = 800
120 : 6 = 20

2680 : 4 = 670
2400 : 4 = 600
280 : 4 = 70

7840 : 8 = 980
7200 : 8 = 900
640 : 8 = 80

4350 : 5 = 870
4000 : 5 = 800
350 : 5 = 70

2

759 : 3 = 253 (6, 15, 15, 09, 9, 0)
1146 : 6 = 191 (6, 54, 54, 06, 6, 0)

3

128 : 4 = 32 (12, 08, 8, 0)
240 : 5 = 48 (20, 40, 40, 0)
504 : 9 = 56 (45, 54, 54, 0)
792 : 9 = 88 (72, 72, 72, 0)
448 : 7 = 64 (42, 28, 28, 0)
576 : 8 = 72 (56, 16, 16, 0)
384 : 6 = 64 (36, 24, 24, 0)
648 : 9 = 72 (63, 18, 18, 0)
616 : 7 = 88 (56, 56, 56, 0)

Alle Ergebnisse sind Zahlen der 8 er-Reihe.

Schriftlich dividieren mit Einerzahlen

1 Überschlage und rechne schriftlich.

Ü: 2500 : 5 = 500 — 2485 : 5 = 497 (20, 48, 45, 35, 35, 0)
Ü: 7200 : 9 = 800 — 7389 : 9 = 821 (72, 18, 18, 09, 9, 0)
Ü: 2400 : 4 = 600 — 2436 : 4 = 609 (24, 03, 0, 36, 36, 0)
Ü: 6600 : 6 = 1100 — 6714 : 6 = 1119 (6, 07, 6, 11, 6, 54, 54, 0)

2 Rechne und kontrolliere mit der Probe.

12345 : 5 = 2469 (10, 23, 20, 34, 30, 45, 45, 0) — Pr.: 2469 · 5 = 12345
12345 : 3 = 4115 (12, 03, 3, 04, 3, 15, 15, 0) — Pr.: 4115 · 3 = 12345
258 : 6 = 43 (24, 18, 18, 0) — Pr.: 43 · 6 = 258
258 : 3 = 86 (24, 18, 18, 0) — Pr.: 86 · 3 = 258

Schriftlich dividieren mit Kommazahlen

1

84,45 € : 5 = 16,89 € (5, 34, 30, 44, 40, 45, 45, 0)
1,29 € : 3 = 0,43 € (0, 12, 12, 09, 9, 0)

2

52,99 € : 7 = 7,57 € (49, 39, 35, 49, 49, 0)
3,20 € : 4 = 0,80 € (0, 32, 32, 00, 0, 0)

3

48,60 € : 6 = 8,10 € (48, 06, 6, 00, 0, 0)
1,89 € : 3 = 0,63 € (0, 18, 18, 09, 9, 0)

4 Die Zwillinge Jens und Laura leeren ihre gemeinsame Spardose. Heraus kommen 321,16 €. Jeder bekommt die Hälfte:

160,58 €

321,16 € : 2 = 160,58 € (2, 12, 12, 01, 0, 11, 10, 16, 16, 0)

Schriftlich dividieren mit Rest

1 Ü: 500 : 5 = 100

517 : 5 = 103 R 2
5
01
0
17
15
2

Ü: 3000 : 6 = 500

2914 : 6 = 485 R 4
24
51
48
34
30
4

Ü: 3500 : 7 = 500

3448 : 7 = 492 R 4
28
64
63
18
14
4

Ü: 1600 : 8 = 200

1678 : 8 = 209 R 6
16
07
0
78
72
6

2 Erkennst du den Rest, ohne die Aufgabe aufzuschreiben?
Male mit der passenden Farbe aus:

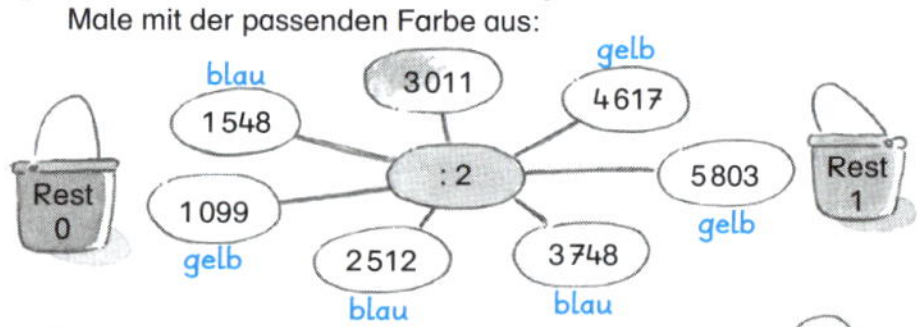

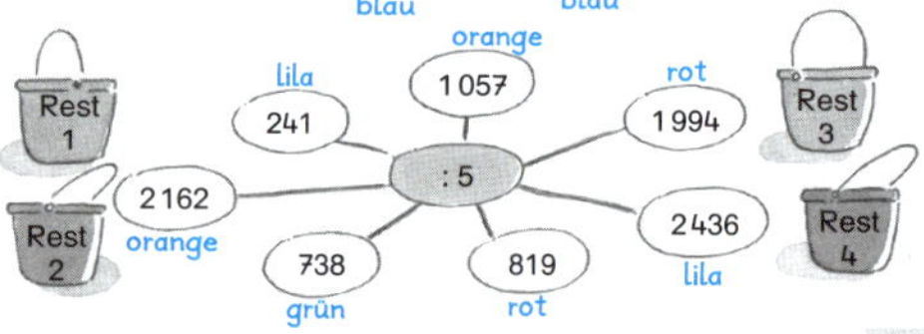

Schriftlich dividieren mit Zehnerzahlen

1 3580 : 2 = 1790
2
15
14
18
18
00
0
0

3580 : 20 = 179
20
158
140
180
180
0

4740 : 3 = 1580
3
17
15
24
24
00
0
0

4740 : 30 = 158
30
174
150
240
240
0

2 13080 : 40 = 327
120
108
80
280
280
0

19620 : 60 = 327
180
162
120
420
420
0

47740 : 70 = 682
420
574
560
140
140
0

61380 : 90 = 682
540
738
720
180
180
0

Sachaufgaben

1 Ein Elefant frisst 119 Stunden pro Woche. Das sind an jedem Tag 17 Stunden.

119 : 7 = 17
7
49
49
0

2 Ein Tierpark hat 3 Elefanten. Gestern haben die drei 705 kg Grünfutter gefressen.
Das waren pro Tier 235 kg.

705 : 3 = 235
6
10
9
15
15
0

1358 : 2 = 679
12
15
14
18
18
0

679 : 7 = 79
63
49
49
0

365 · 100
36500

3 Die beiden Giraffen haben in einer Woche zusammen 1358 kg Grünfutter gefressen, das sind pro Tier 679 kg in einer Woche, also 97 kg an einem Tag.

Gerundet: 100 kg pro Tag.
Eine Giraffe frisst in einem Jahr ca. 36500 kg.

4 Im Juni besuchten 40350 Menschen den Tierpark.
Das waren etwa 1345 Besucher pro Tag.

40350 : 30 = 1345
30
103
90
135
120
150
150
0

Zeitspannen und Zeitdauer

1 Herr Peters möchte mit dem Zug von Wolfsburg nach Hamburg fahren. Ermittle die schnellste Verbindung.

Abfahrt Wolfsburg Hbf				
Datum	Zeit	Zug	in Richtung	Umst.
16.08.05 16.08.05	ab 04:54 an 07:52	RE, D	Hamburg Hbf	1
16.08.05 16.08.05	ab 05:54 an 08:28	RE, IC	Hamburg Hbf	1
16.08.05 16.08.05	ab 06:55 an 08:54	ICE	Hamburg Hbf	1
16.08.05 16.08.05	ab 07:14 an 09:35	RE, ICE	Hamburg Hbf	1
16.08.05 16.08.05	ab 09:54 an 12:31	IC, RE	Hamburg Hbf	2

Die schnellste Verbindung dauert 1:59 Stunden.

2 Ergänze die Zeitdauer.

Abfahrt	7.54 Uhr	9.45 Uhr	10.14 Uhr	10.32 Uhr	11.06 Uhr
Ankunft	10.31 Uhr	11.18 Uhr	12.35 Uhr	15.31 Uhr	15.35 Uhr
Dauer	2.37 h	1.38 h	2.21 h	4.59 h	4.29 h

3 Pele sieht auf seine Uhr. Wie viel Zeit ist vergangen seit
10.10 Uhr 7:25 h, 12.38 Uhr 4:57 h,
11.25 Uhr 6:10 h, 14.40 Uhr 2:55 h ?

4 Auf der 4. Etappe der Tour de France 2005 gab es folgendes Ergebnis:

1. Discovery Channel	1:10:39 Std.
2. CSC	1:10:41 Std.
3. T-Mobile	1:11:14 Std.

0 : 00 : 02
0 : 00 : 33

Berechne die Abstände zwischen Platz 1 und Platz 2 und zwischen Platz 2 und Platz 3.

1 Ü: 400 : 5 = 80 Ü: 280 : 8 = 35 Ü: 700 : 7 = 100

405 : 5 = 81
40
05
5
0

288 : 8 = 36
24
48
48
0

693 : 7 = 99
63
63
63
0

Alle Ergebnisse sind Zahlen der 9 er-Reihe.

2 94,17 € : 3 = 31,39 €
9
04
3
11
9
27
27
0

Probe: 31,39 · 3
94,17

1,95 € : 5 = 0,39 €
0
19
15
45
45
0

3 539 : 5 = 107 R 4
5
03
0
39
35
4

2931 : 6 = 488 R 3
24
53
48
51
48
3

4 18080 : 40 = 452
160
208
200
80
80
0

Übungen zu allen Rechenarten

1 Male die Aufgabe und das Ergebnis in der gleichen Farbe an.

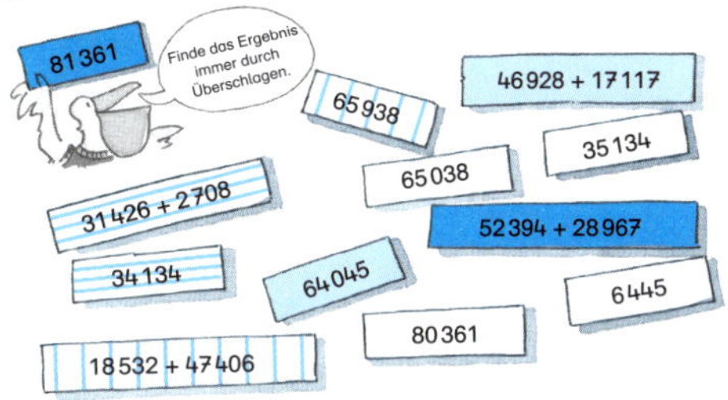

2 Frau Möller bezahlt für ihre Wohnung monatlich 598 € Miete. Wie viel bezahlt sie in einem halben Jahr?

Rechnung:
598 € · 6
3588 €

Antwort: Sie bezahlt 3588 Euro.

Wie viel muss sie in 5 Jahren bezahlen, wenn der Mietpreis nicht ansteigt?

Rechnung:
3588
+ 3588
7176

7176 · 5
35880

Antwort: Sie bezahlt 35880 Euro.

Übungen zu allen Rechenarten

1

42 · 6
252

34 · 6
204

252 · 204
504
000
1008
51408

54 · 12
54
108
648

64 · 12
64
128
768

2 Worauf freut sich Pele?

896 : 7 = 128
7
19
14
56
56
0
Lösung: F

436 : 4 = 109
4
03
0
36
36
0
E

783 : 9 = 87
72
63
63
0
R

170 : 5 = 34
15
20
20
0
I

872 : 8 = 109
8
07
0
72
72
0
E

716 : 4 = 179
4
31
28
36
36
0
N

Trage die Lösungsbuchstaben ein und bringe sie in die richtige Reihenfolge:

E 109, A 82, I 34, S 119, F 128, R 87, N 179

Lösung: FERIEN

Übungen zu allen Rechenarten

1 35 · 18 + 39 = 669

35 · 18
35
280
630

630
+ 39
669

248 · 17 − 189 = 4027

248 · 17
248
1736
4216

4216
− 189
4027

2 462 − 336 : 3 = 350

336 : 3 = 112
3
03
3
06
6
0

462
− 112
350

1736 + 2675 : 5 = 2271

2675 : 5 = 535
25
17
15
25
25
0

1736
+ 535
2271

3 2349 + 3787 : 7 = 2890

3787 : 7 = 541
35
28
28
07
7
0

2349
+ 541
2890

6789 − 4319 : 7 = 6172

4319 : 7 = 617
42
11
7
49
49
0

6789
− 617
6172

4 944 : 8 + 834 : 2 = 535

944 : 8 = 118
8
14
8
64
64
0

118
+ 417
535

834 : 2 = 417

924 : 2 − 471 : 3 = 305

924 : 2 = 462

471 : 3 = 157
3
17
15
21
21
0

462
− 157
305

1 Im Jahr 2004 wurden in Bad Brückenau folgende Niederschlagsmengen (Liter pro Quadratmeter) ermittelt:

Monate	Jan	Feb	März	Apr	Mai	Juni	Juli	Aug	Sep	Okt	Nov	Dez
l/m²	138	53	33	50	116	59	100	99	90	46	102	59

Stelle die Niederschlagsmengen in einem Säulendiagramm dar.

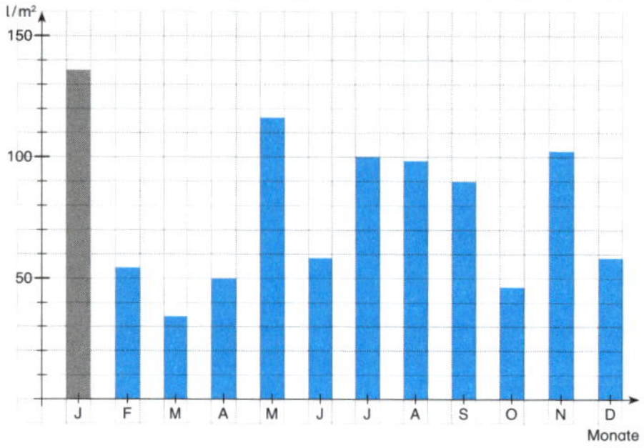

2 Dieses Säulendiagramm zeigt das Gewicht von einigen Tieren.

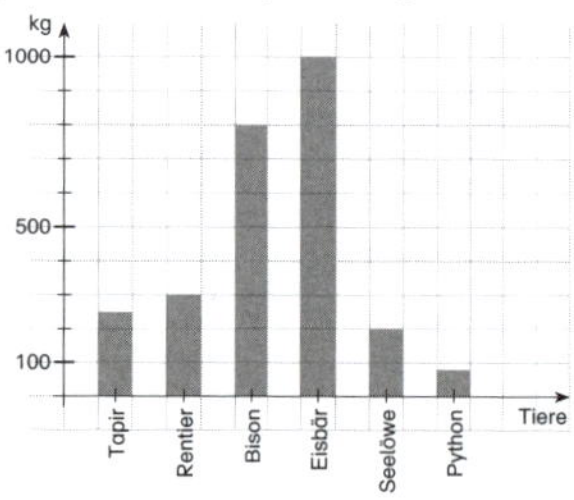

Welches Tier wiegt am wenigsten?

Python

Wer ist schwerer: Seelöwe oder Tapir?

Tapir

Wie viel Kilogramm wiegt ein Bison mehr als ein Rentier?

500 kg

1

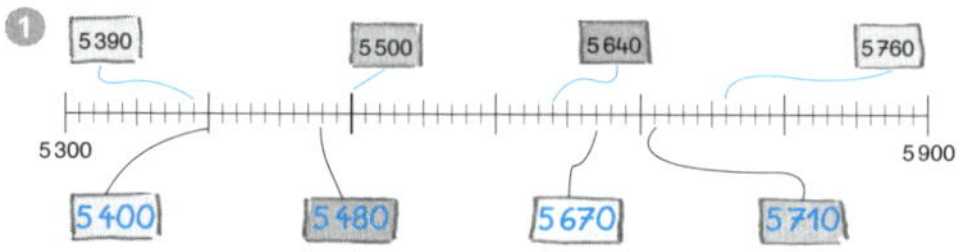

2

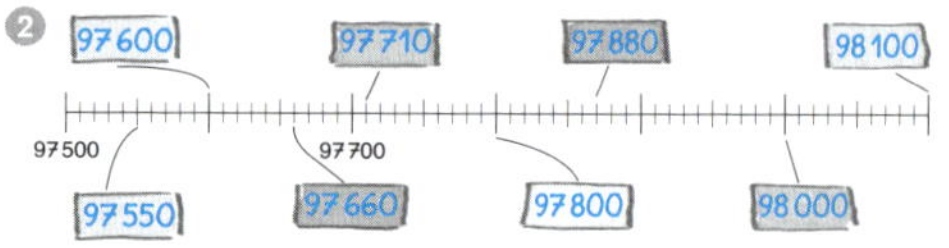

3

Vorgänger	Zahl	Nachfolger	Vorgänger	Zahl	Nachfolger
52346	52347	52348	99998	99999	100000
98988	98989	98990	336427	336428	336429
12498	12499	12500	798988	798989	798990
47999	48000	48001	499998	499999	500000

4 Nachbartausender:

75000 < 75631 < 76000

98000 < 98720 < 99000

51000 < 51314 < 52000

Nachbarhunderter:

61700 < 61758 < 61800

32600 < 32666 < 32700

87400 < 87432 < 87500

5 <, > oder = ?

9043 < 9430 — 94398 = 94398 — 100007 < 200002

5491 > 5419 — 47830 > 47380 — 361025 < 361205

6 Setze fort.

2897	2898	2899	2900	2901	2902
86478	85478	84478	83478	82478	81478

7 Schreibe untereinander und rechne.

1904 + 73026: 73026 + 1904 = 74930

264789 + 283976: 283976 + 264789 = 548765

37809 + 609379: 609379 + 37809 = 647188

8 Schreibe untereinander und rechne.

9810,34 € – 1934,18 €: 9810,34 € − 1934,18 € = 7876,16 €

870400,50 € – 158340,60 €: 870400,50 € − 158340,60 € = 712059,90 €

9 Überschlage und rechne schriftlich.

Ü: 150000

463 · 304

1389
000
11852
140752

Ü: 100 km

4,126 km · 25

8252
20630
103,150 km

10 Überschlage, rechne, kontrolliere.

Ü: 2800 : 7 = 400

3017 : 7 = 431
28
21
21
07
7
0

Pr.: 431 · 7 = 3017

Ü: 40000 : 80 = 500

44800 : 80 = 560
400
480
480
00
0
0

Pr.: 560 · 80 = 44800

11

1 t = 1000 kg — 4 km = 4000 m — $\frac{1}{2}$ l = 500 ml

$\frac{1}{2}$ t = 500 kg — $\frac{1}{2}$ km = 500 m — $\frac{1}{4}$ l = 250 ml

5000 kg = 5 t — 3520 m = 3,520 km — $\frac{1}{8}$ l = 125 ml

3570 kg = 3,570 t — 7003 m = 7,003 km — $\frac{3}{4}$ l = 750 ml

12 Zeichne zwei Geraden, die parallel zueinander sind. Vervollständige sie zu einem Rechteck.

13 Wo sind rechte Winkel? Zeichne ⦜ ein:

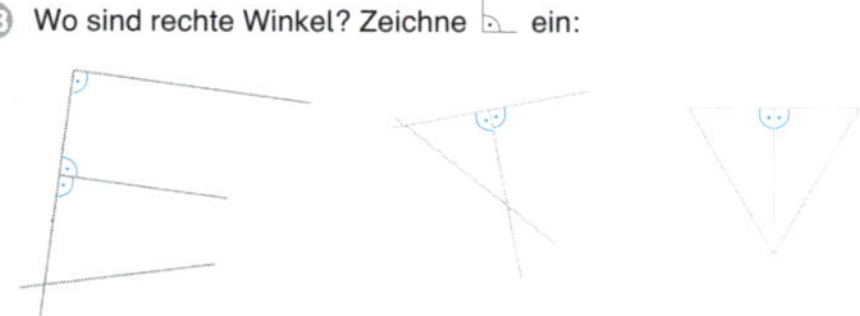

14 Ermittle den Umfang (U) und den Flächeninhalt (F).

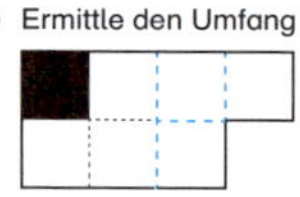

U = 120 mm

F = 7 Fliesen

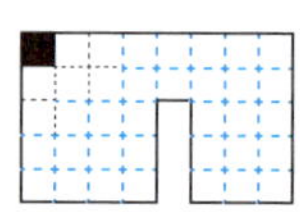

U = 160 mm

F = 37 Fliesen

1

	3	7	5	8	4	9
–	1	1	7	2	2	8

	8	4	3	0	7	6
–	1	2	4	0	9	0

	4	2	2	4	3	1
–		3	4	2	5	6

2

	1	8	2	3	4	6
–		7	6	5	8	8

–	3	6	7	5	4

–	5	7	5	4	6
	1	1	4	5	8

3 Schreibe untereinander und rechne.

48 164 – 7865

75 566 – 9 807

92 698 – 33 777

4 Kreise die Fehler ein und schreibe das Ergebnis richtig auf.

	9	8	7	6	5	4
–	1	0	3	7	8	9
	8	8	2	8	6	5

	6	7	4	8	9	3
–	3	2	0	9	5	6
	3	5	3	8	3	7

	8	5	4	3	1	7
–	4	7	5	9	0	8
	4	7	8	4	0	9

5 Pele hat mit Tinte gekleckst. Ergänze Fehlendes.

	2	3	9	6	2
–	1		5		4
		1		8	

	5	6	7	2
–	1			9
		8	4	

	8		1	
–		3	6	7
		9		3

6 Wie groß ist die Differenz zwischen 526 879 und 176 987?

1. Der höchste Berg Afrikas ist der Kilimandscharo.
Er ist 5895 m hoch. Wenn du den höchsten Berg der Welt, den Mount Everest, besteigen willst, musst du 2955 m höher klettern. Wie hoch ist der Mount Everest?
Rechnung:

Antwort: ______

2. Die Transsibirische Eisenbahn fährt von Moskau nach Wladiwostok. Dabei legt sie in Europa 1777 km und in Asien 7512 km zurück.

Frage: ______
Rechnung:

Antwort: ______

3. Während der Bundesliga-Saison 2004/2005 besuchten durchschnittlich 77235 Zuschauer die Heimspiele des Vereins Borussia Dortmund. Beim FC Schalke waren es 61341 und beim FC Bayern München 53299 Zuschauer.

Frage: ______
Rechnung:

Antwort: ______

1 Wo sind rechte Winkel? Zeichne ⦜ ein:

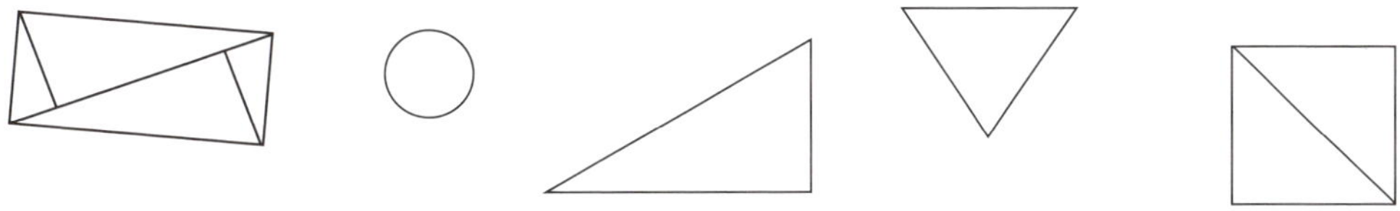

2 Zeichne 3 senkrechte Linien zu a:

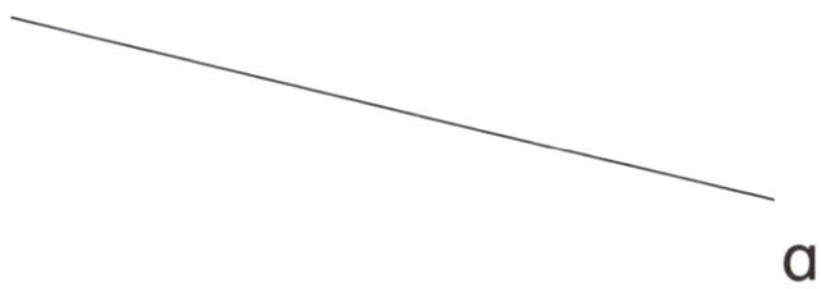

Zeichne 3 parallele Linien zu b:

3 Zeichne:

a ⊥ c d ∥ b e ∥ c

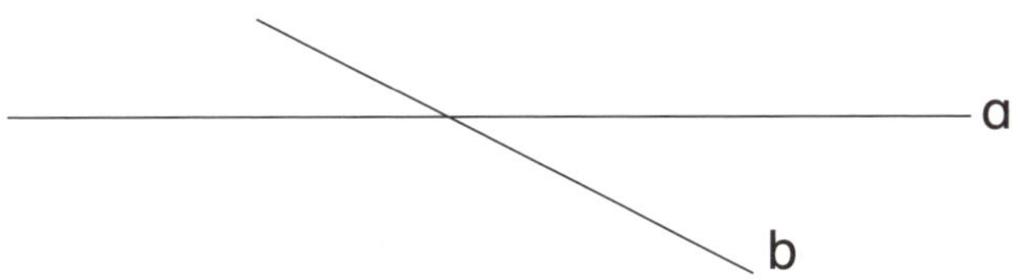

4 Teile jedes Dreieck in 2 kleine Dreiecke, indem du eine Senkrechte zu einer Seite einzeichnest:

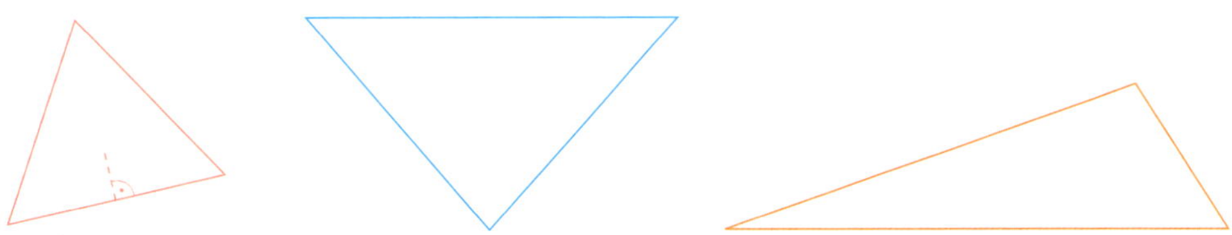

5 Setze das Muster mit dem Geodreieck fort, male aus.

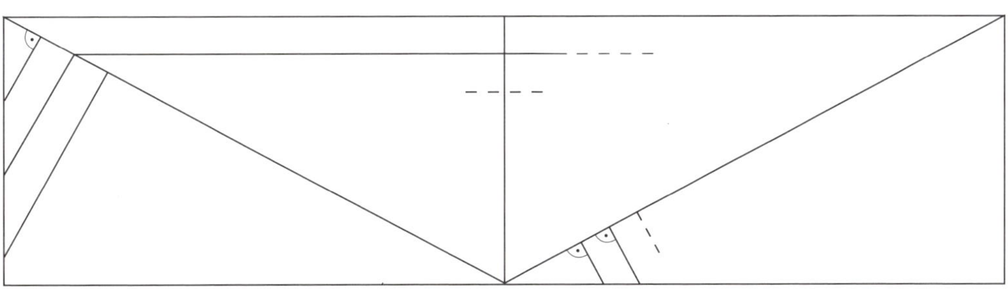

1. Zeichne je ein Quadrat mit a = 3 cm und a = 2,5 cm.

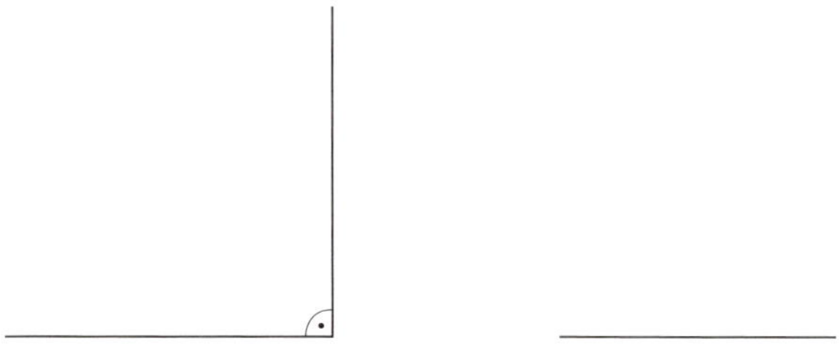

a   a

2. Zeichne ein Rechteck mit a = 12 cm und b = 2 cm.

3. Miss die Seitenlängen und vervollständige zu Quadraten oder Rechtecken:

1 Frau Lustig hat einen quadratischen Garten.
Sie kauft einen Zaun von 140 m Länge.
Wie lang ist eine Seite des Gartens?

Rechnung:

Antwort: ______________________

2 Familie Hinze misst ihren rechteckigen Garten aus.
Die kurze Seite ist 12 m lang, die andere Seite doppelt so lang.
Wie groß ist der Umfang (U)?

U = 12 m + ____ m + ____ m + ____ m = ____ m

Antwort: ______________________

3 Berechne den Umfang (U) in mm:

a) 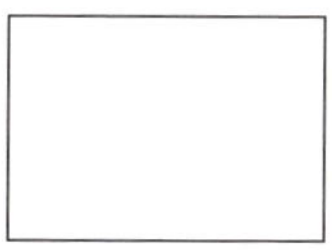

U = ______________________

b) 

U = ______________________

4 Pele legt Fliesen. Wie viele Fliesen benutzt er?
Berechne die Fläche (F).

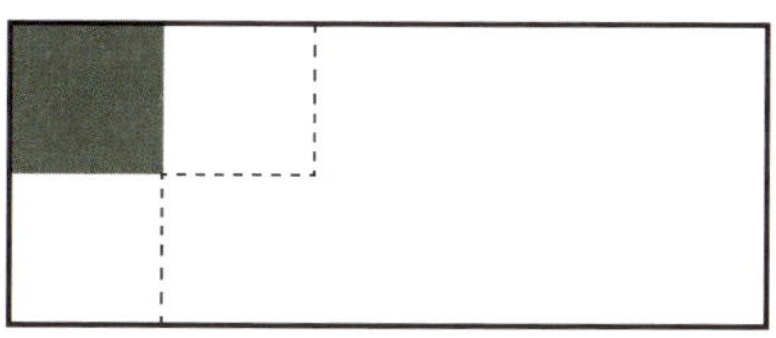

F = ____________ Fliesen.

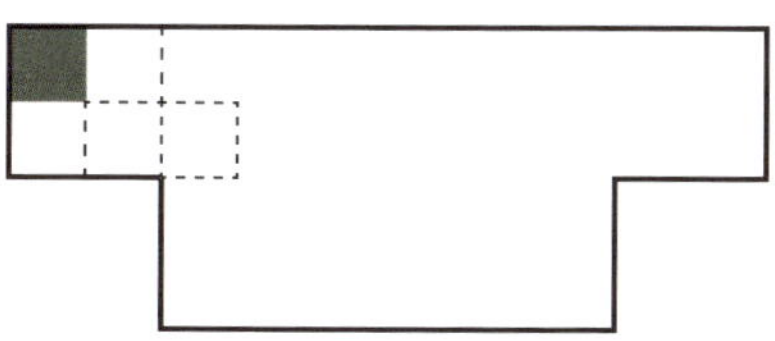

F = ____________ Fliesen.

1 Zeichne je 3 Kreise – um M mit Radius r = 1 cm, 2 cm, 3 cm

– um N mit Radius r = 0,5 cm, 1,5 cm, 2,5 cm

2 Der Durchmesser d ist doppelt so groß wie der Radius r.

r	1 cm	1,5 cm	12 mm	37 mm				
d	2 cm				4 cm	7 cm	16 mm	50 mm

3 Zeichne mit dem Zirkel ein Muster:

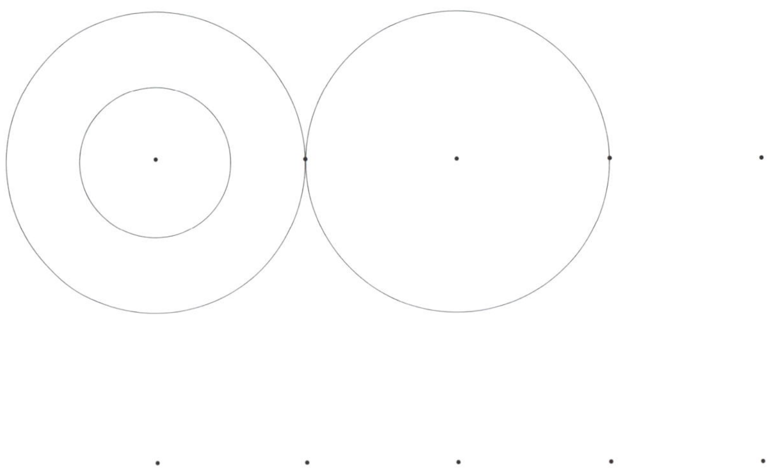

1

	3	7	5	9	0
+	5	6	6	7	9

	4	8	9	5	3
+	7	5	9	3	7

	5	7	8	3	2	9
+	3	6	8	9	7	4

2

	6	7	0	8	5
–	1	3	0	9	7

	1	0	0	0	0	0	0
–		7	8	9	6	5	4

	6	6	6	6	6	6
–	2	4	8	9	5	8

Kontrolliere die Ergebnisse jeweils mit Hilfe der Addition.

+	1	3	0	9	7

+							

+						

3 Herr Schulz ist Pilot. In einer Woche ist er folgende Strecke geflogen:
Frankfurt – Singapur (10 558 km), Singapur – Perth (3 919 km), Perth – Singapur (3 919 km), Singapur – Frankfurt (10 558 km)

Frage: ______________________________

Rechnung:

Antwort: ______________________________

4 Schreibe untereinander und rechne.

425,99 € + 1009,75 € + 3237,89 €

47962 m + 58935 m + 63194 m

1

432 · 2

303 · 3

344 · 2

1221 · 4

4340 · 2

2313 · 3

2

817 · 6

742 · 5

523 · 4

4059 · 9

4824 · 6

1632 · 7

3 Runde auf Tausender.

4217 ≈ 4000 | 6973 ≈ ______ | 3898 ≈ ______

5106 ≈ ______ | 1118 ≈ ______ | 2729 ≈ ______

4 Überschlage und rechne schriftlich.

Ü: 4000 · 3 = 12000

4217 · 3

Ü: ______

6902 · 4

Ü: ______

7777 · 7

Ü: ______

2435 · 5

Ü: ______

8356 · 6

Ü: ______

3770 · 8

5 Ein LKW lädt 6 Maschinen auf.
Eine Maschine wiegt 735 kg.
Seine Ladung ist ______ schwer.

1

55 · 10 = ______ 473 · 10 = ______ 4801 · 10 = ______

37 · 10 = ______ 592 · 10 = ______ 7660 · 10 = ______

81 · 10 = ______ 707 · 10 = ______ 5005 · 10 = ______

2

4	7	3	·	2	0
		9	4	6	0

4	8	0	1	·	2	0

5	9	2	·	5	0

7	6	6	0	·	6	0

7	0	7	·	8	0

3	7	·	4	0

5	0	0	5	·	9	0

3 Überschlage und rechne schriftlich.

Ü: 12000

3	9	6	·	3	0

Ü: ______

6	1	2	·	3	0

Ü: ______

7	0	9	·	4	0

Ü: ______

5	7	7	8	·	8	0

Ü: ______

9	8	8	4	·	7	0

Ü: ______

2	2	5	9	·	5	0

Ü: ______

9	6	3	1	·	9	0

Ü: ______

2	7	5	6	·	2	0

Ü: ______

3	5	2	5	·	6	0

4 Finde die Fehler und kreise sie ein. Schreibe das richtige Ergebnis auf.

1	7	0	9	·	3	0
		5	1	0	7	0

4	4	2	0	·	5	0
	2	2	1	0	5	0

6	3	6	5	·	2	0
	1	2	7	4	0	0

richtig:

______ ______ ______

1

314 · 100 = ______

429 · 100 = ______

816 · 100 = ______

2617 · 100 = ______

1083 · 100 = ______

4510 · 100 = ______

2

8	1	6	·	7	0	0
	5	7	1	2	0	0

4	2	9	·	4	0	0

2	6	1	7	·	3	0	0

1	0	8	3	·	6	0	0

4	5	1	0	·	2	0	0

1	5	1	9	·	5	0	0

1	2	9	7	·	3	0	0

2	0	8	9	·	4	0	0

3 Eine Autobahn wird neu geteert. Die Bauarbeiter schaffen 800 m pro Tag. Sie werden 135 Tage daran arbeiten müssen.

Rechnung:

Die Autobahn ist ______ m lang.

Das sind ______ km.

4 Bei einem Sponsorenlauf läuft die Klasse 4a auf dem Sportplatz 215 Runden. Eine Runde ist 400 m lang. Die Kinder rechnen aus, wie viele Meter die Klasse insgesamt läuft.

Rechnung:

Alle zusammen laufen ______ m, das sind ______ km.

5 Welche Zahlen fehlen?

3	0	3	·		0	0
	1	2	1	2	0	0

7		5	·	2	0	0
	1	4	5	0		

		5	·	5	0	0
		9	7	5	0	0

1

4,76 m · 2

12,49 m · 2

62,40 m · 5

38,05 m · 5

13,99 € · 7

71,17 € · 7

48,84 € · 6

2

2,97 €

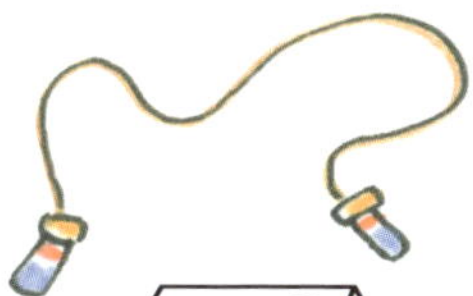

1,85 €

2,49 €

3,29 €

Frau Schneider kauft für die Klasse 4c Pausenspiele.
Sie entscheidet sich für 5 Hüpfseile, 3 Tennisspiele und jeweils 2 Fußbälle und Straßenkreiden. Was zahlt sie insgesamt?

Frau Schneider bezahlt ____________ Euro.
Sie gibt der Verkäuferin einen 50 €-Schein.

F: ____________

R: ____________

A: ____________

1

38 · 13 = ____

38 · 10 = ____
38 · 3 = ____

47 · 12 = ____

47 · 10 = ____
47 · 2 = ____

84 · 11 = ____

84 · ____ = ____
84 · ____ = ____

56 · 14 = ____

____ · ____ = ____
____ · ____ = ____

72 · 13 = ____

____ · ____ = ____
____ · ____ = ____

2

48 · 19

74 · 23

86 · 32

59 · 28

324 · 26

417 · 32

209 · 56

706 · 77

1058 · 25

2105 · 19

2008 · 88

3 Welche Aufgaben sind falsch gelöst worden?
Finde die Fehler und rechne neu:

2	5	6	·	3	7
		7	6	8	
		1	7	9	2
		9	4	7	2

3	5	0	8	·	2	4
		7	0	1	6	
		1	4	0	0	2
		8	4	1	6	2

3	9	5	·	2	6
		7	9	0	
+	2	3	7	0	
	3	1	6	0	

1	2	3	4	·	5	6
		6	1	7	0	
	+		7	4	0	4
		6	9	1	0	4

1

172 · 260

253 · 240

109 · 340

2

814 · 135

629 · 271

424 · 242

508 · 281

740 · 369

485 · 306

3

Ü: 400 · 200 = ______

Ü: ______ · ______ = ______

395 · 209

614 · 188

4 Prüfe mit einem Überschlag, ob das Ergebnis **r** ichtig oder **f** alsch sein kann.

478 · 621 = 296 838	r	Ü: 500 · 600 =	
516 · 386 = 99 176		Ü: · =	
704 · 204 = 143 616		Ü: · =	
899 · 295 = 165 205		Ü: · =	
318 · 292 = 102 856		Ü: · =	

1 An einem Tag fahren durchschnittlich 1 165 Autos an der Schule vorbei.

a) Wie viele Autos sind es im Monat Februar?

b) Wie viele im Monat Mai?

c) Wie viele Autos sind es in einem Jahr?

Es sind ________ Autos im Februar, ________ im Mai und ________ in einem ganzen Jahr.

2 Jeanie zählt vor ihrem Haus 153 Autos in einer Stunde und überlegt, wie viele es am ganzen Tag wären, wenn immer gleich viel Verkehr wäre.

Es wären ________ Autos am Tag. In einer Woche wären es ________ Autos.

Sie fragt sich, ob in 52 Wochen wohl mehr als 1 Million Autos zusammenkommen. Kannst du ihr helfen?

1 Wie heißen diese Körper?

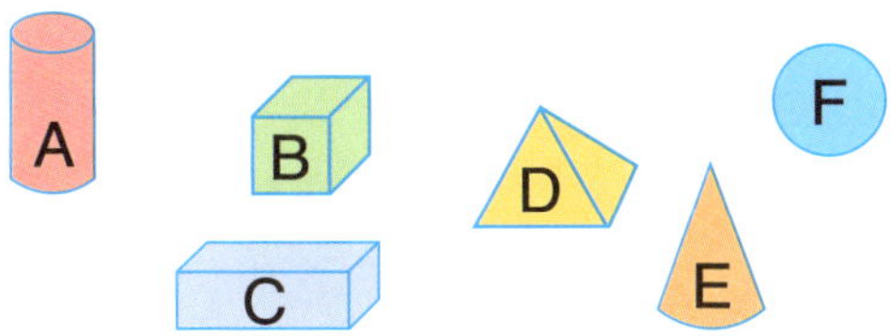

☐ Kugel ☐ Quader
☐ Zylinder ☐ Würfel
☐ Kegel ☐ Pyramide

2 Welche Körper kann man aus den Netzen falten?

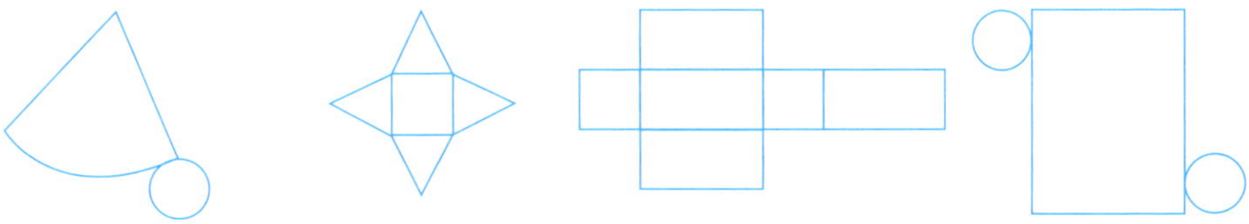

3 Welche Figuren sind keine Würfelnetze?

Streiche durch:

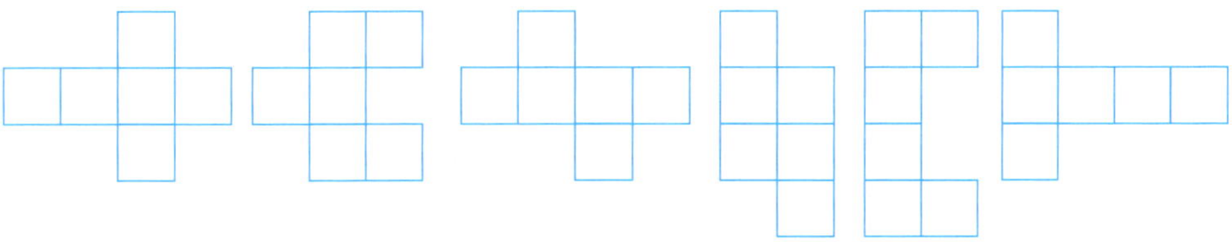

4 Zeichne 3 weitere Würfelnetze:

5 Welche Seiten liegen sich nach dem Falten gegenüber?
Male mit derselben Farbe an:

1 Verkleinere die Gießkanne im Maßstab 1:2.

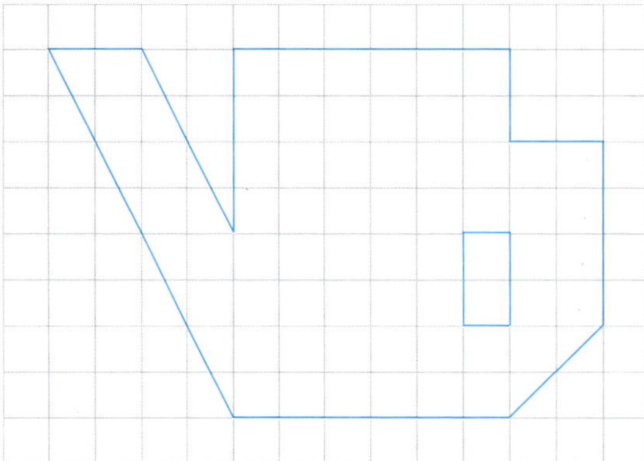

2 Diese Blumen sind im Maßstab 1:10 abgebildet. Miss sie nach. Wie groß (hoch) sind sie in Wirklichkeit?

Blume	gemessen	in Wirklichkeit
Gänse-blümchen	cm	cm

3 Stell dir vor, du zeichnest Bäume im Maßstab 1:100.

Tanne 2,75 m → ________ cm

Buche 6,15 m → ________ ____

Kiefer 9,30 m → ________ ____

Eiche 12,60 m → ________ ____

Das ist Lara im Maßstab 1:100.

In Wirklichkeit ist sie ________ groß.

1

5 7 3 · 9

6 8 5 · 4

1 1 5 9 · 6

1 3 7 0 · 4

1 7 1 9 · 3

2 3 1 8 · 3

2

Ü: ______

8 4 · 3 0

Ü: ______

3 1 2 · 6 0

Ü: ______

5 2 0 9 · 7 0

Ü: ______

5 9 · 2 0 0

Ü: ______

6 0 8 · 7 0 0

Ü: ______

2 1 1 8 · 4 0 0

3

Pele spart ______ .

4

Ü: ______

1 4 3 · 4 8

Ü: ______

2 0 9 · 3 7

Ü: ______

5 1 6 · 7 5

Ü: ______

2 1 6 · 2 9 4

Ü: ______

4 0 6 · 2 0 3

Schriftlich dividieren mit Einerzahlen

1

4920 : 6 = ____

4800 : 6 = ____
120 : 6 = ____

2680 : 4 = ____

2400 : 4 = ____
280 : 4 = ____

7840 : 8 = ____

____ : 8 = ____
____ : 8 = ____

4350 : 5 = ____

____ : 5 = ____
____ : 5 = ____

2

759 : 3 = 2
6

1146 : 6 =

3

128 : 4 =

240 : 5 =

504 : 9 =

792 : 9 =

448 : 7 =

576 : 8 =

384 : 6 =

648 : 9 =

616 : 7 =

Alle Ergebnisse sind Zahlen der ___ er-Reihe.

1 Überschlage und rechne schriftlich.

Ü: 2500 : 5 = ______

2 4 8 5 : 5 =

Ü: ______ : 9 = ______

7 3 8 9 : 9 =

Ü: ______

2 4 3 6 : 4 =

Ü: ______

6 7 1 4 : 6 =

2 Rechne und kontrolliere mit der Probe.

1 2 3 4 5 : 5 =

Pr.:

1 2 3 4 5 : 3 =

Pr.:

2 5 8 : 6 =

Pr.:

2 5 8 : 3 =

Pr.:

Schriftlich dividieren mit Kommazahlen

1 84,45 € : 5 =

1,29 € : 3 =

2 52,99 € : 7 =

3,20 € : 4 =

3 48,60 € : 6 =

1,89 € : 3 =

4 Die Zwillinge Jens und Laura leeren ihre gemeinsame Spardose. Heraus kommen 321,16 €. Jeder bekommt die Hälfte:

_______ €

1 Ü: 500 : 5 = ______

5 1 7 : 5 = R

Ü: ______

2 9 1 4 : 6 = R

Ü: ______

3 4 4 8 : 7 = R

Ü: ______

1 6 7 8 : 8 = R

2 Erkennst du den Rest, ohne die Aufgabe aufzuschreiben?
Male mit der passenden Farbe aus:

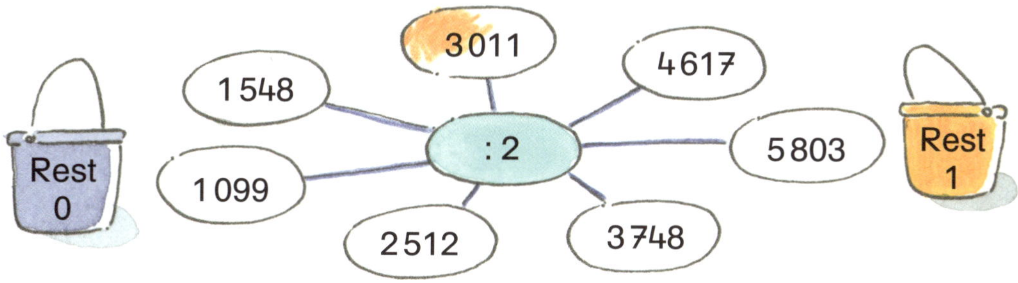

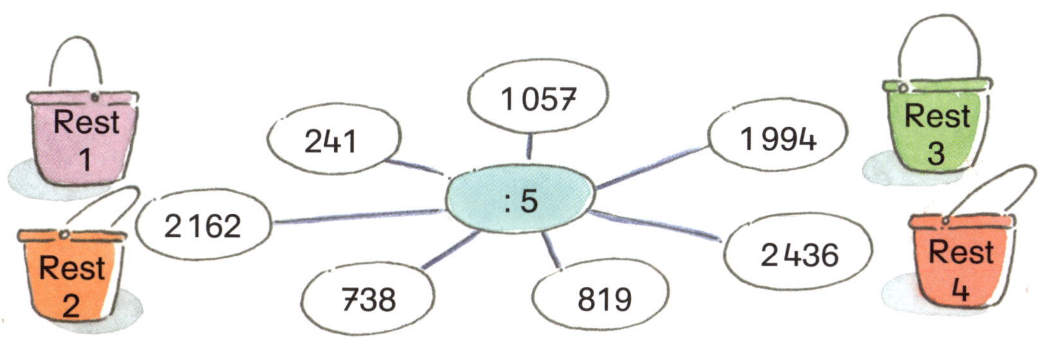

Schriftlich dividieren mit Zehnerzahlen

1

3580 : 2 =

3580 : 20 =

4740 : 3 =

4740 : 30 =

2

13080 : 40 =

19620 : 60 =

47740 : 70 =

61380 : 90 =

1. Ein Elefant frisst 119 Stunden pro Woche. Das sind an jedem Tag ____ Stunden.

2. Ein Tierpark hat 3 Elefanten. Gestern haben die drei 705 kg Grünfutter gefressen.
Das waren pro Tier ____ kg.

3. Die beiden Giraffen haben in einer Woche zusammen 1 358 kg Grünfutter gefressen, das sind pro Tier ____ kg in einer Woche, also ____ kg an einem Tag.

Gerundet: ____ kg pro Tag.
Eine Giraffe frisst in einem Jahr ca. ____ kg.

4. Im Juni besuchten 40 350 Menschen den Tierpark.
Das waren etwa ____ Besucher pro Tag.

1 Herr Peters möchte mit dem Zug von Wolfsburg nach Hamburg fahren. Ermittle die schnellste Verbindung.

Abfahrt Wolfsburg Hbf

Datum	Zeit	Zug	in Richtung	Umst.
16.08.05 16.08.05	ab 04:54 an 07:52	RE, D	Hamburg Hbf	1
16.08.05 16.08.05	ab 05:54 an 08:28	RE, IC	Hamburg Hbf	1
16.08.05 16.08.05	ab 06:55 an 08:54	ICE	Hamburg Hbf	1
16.08.05 16.08.05	ab 07:14 an 09:35	RE, ICE	Hamburg Hbf	1
16.08.05 16.08.05	ab 09:54 an 12:31	IC, RE	Hamburg Hbf	2

Die schnellste Verbindung dauert ______ Stunden.

2 Ergänze die Zeitdauer.

Abfahrt	7.54 Uhr	9.45 Uhr	10.14 Uhr	10.32 Uhr	11.06 Uhr
Ankunft	10.31 Uhr	11.18 Uhr	12.35 Uhr	15.31 Uhr	15.35 Uhr
Dauer	h	h	h	h	h

3 Pele sieht auf seine Uhr. Wie viel Zeit ist vergangen seit

10.10 Uhr ______ h , 12.38 Uhr ______ h ,

11.25 Uhr ______ h , 14.40 Uhr ______ h ?

4 Auf der 4. Etappe der Tour de France 2005 gab es folgendes Ergebnis:

1. Discovery Channel	1:10:39 Std.
2. CSC	1:10:41 Std.
3. T-Mobile	1:11:14 Std.

___ : ___ : ___

___ : ___ : ___

Berechne die Abstände zwischen Platz 1 und Platz 2 und zwischen Platz 2 und Platz 3.

1 Ü: ______ Ü: ______ Ü: ______

405 : 5 =

288 : 8 =

693 : 7 =

Alle Ergebnisse sind Zahlen der ___ er-Reihe.

2 94,17 € : 3 =

Probe:

1,95 € : 5 =

3 539 : 5 = R

2931 : 6 = R

4 18080 : 40 =

1 Male die Aufgabe und das Ergebnis in der gleichen Farbe an.

81 361

65 938

46 928 + 17 117

35 134

65 038

31 426 + 2 708

52 394 + 28 967

34 134

64 045

6 445

80 361

18 532 + 47 406

2 Frau Möller bezahlt für ihre Wohnung monatlich 598 € Miete.
Wie viel bezahlt sie in einem halben Jahr?

Rechnung:

Antwort: ______________________________

Wie viel muss sie in 5 Jahren bezahlen, wenn der Mietpreis nicht ansteigt?

Rechnung:

Antwort: ______________________________

1

2 Worauf freut sich Pele?

896 : 7 =

Lösung:

436 : 4 =

783 : 9 =

170 : 5 =

872 : 8 =

716 : 4 =

Trage die Lösungsbuchstaben ein und bringe sie in die richtige Reihenfolge:

E 109, A 82, I 34, S 119, F 128, R 87, N 179

Lösung:

Übungen zu allen Rechenarten

1. $35 \cdot 18 + 39 =$ ______ $248 \cdot 17 - 189 =$ ______

2. $462 - 336 : 3 =$ ______ $1736 + 2675 : 5 =$ ______

3. $2349 + 3787 : 7 =$ ______ $6789 - 4319 : 7 =$ ______

4. $944 : 8 + 834 : 2 =$ ______ $924 : 2 - 471 : 3 =$ ______

1 Im Jahr 2004 wurden in Bad Brückenau folgende Niederschlagsmengen (Liter pro Quadratmeter) ermittelt:

Monate	Jan	Feb	März	Apr	Mai	Juni	Juli	Aug	Sep	Okt	Nov	Dez
l/m²	138	53	33	50	116	59	100	99	90	46	102	59

Stelle die Niederschlagsmengen in einem Säulendiagramm dar.

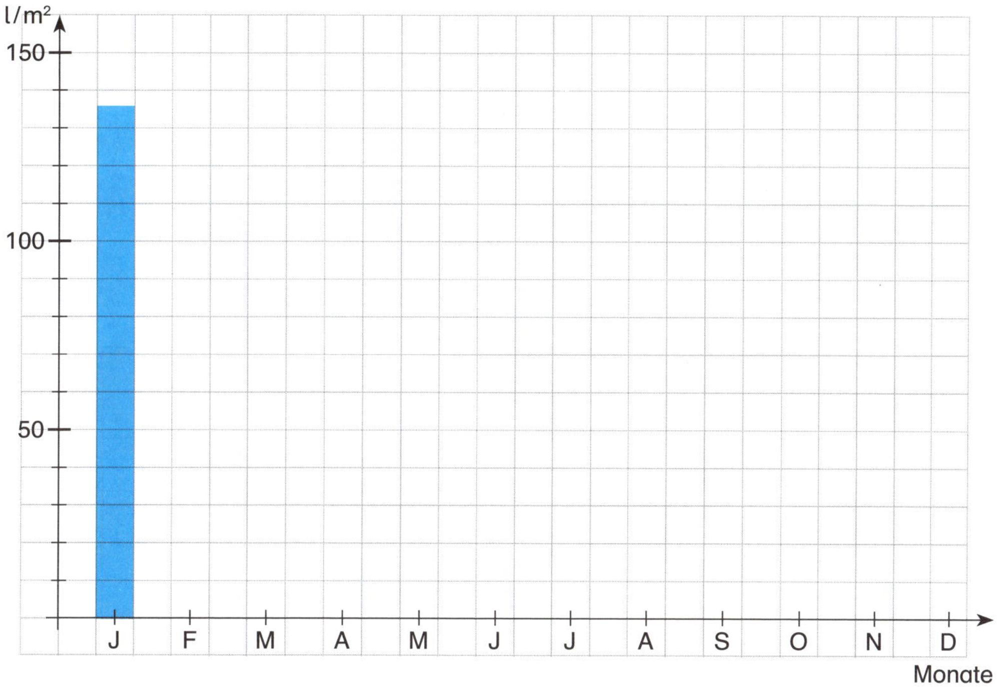

2 Dieses Säulendiagramm zeigt das Gewicht von einigen Tieren.

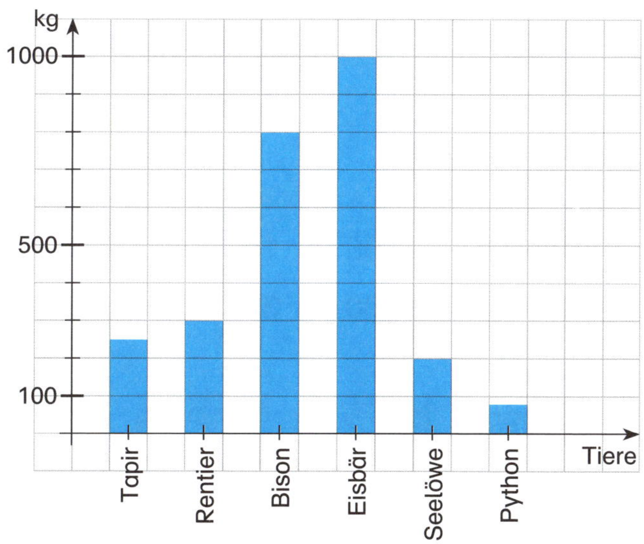

Welches Tier wiegt am wenigsten?

Wer ist schwerer: Seelöwe oder Tapir?

Wie viel Kilogramm wiegt ein Bison mehr als ein Rentier?

1

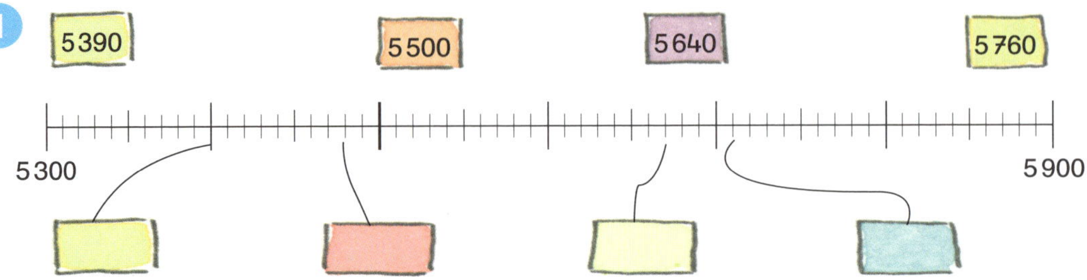

2

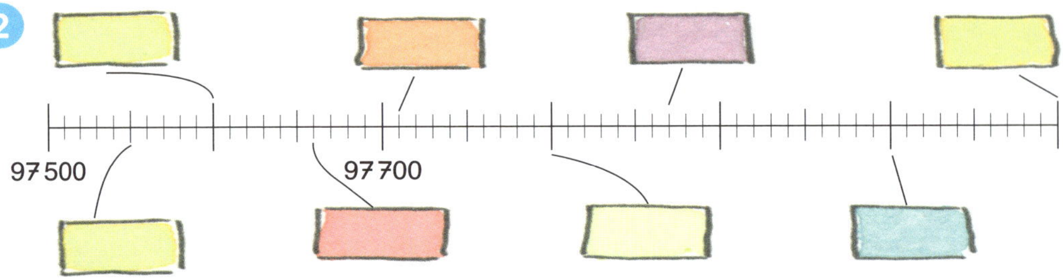

3

Vorgänger	Zahl	Nachfolger
	52347	
	98989	
	12499	
	48000	

Vorgänger	Zahl	Nachfolger
		100000
336427		
798988		
	499999	

4 Nachbartausender:

_____ < 75631 < _____

_____ < 98720 < _____

_____ < 51314 < _____

Nachbarhunderter:

_____ < 61758 < _____

_____ < 32666 < _____

_____ < 87432 < _____

5 <, > oder = ?

9043 ◯ 9430 94398 ◯ 94398 100007 ◯ 200002

5491 ◯ 5419 47830 ◯ 47380 361025 ◯ 361205

6 Setze fort.

2897	2898	2899			
86478	85478	84478			

7 Schreibe untereinander und rechne.

1 904 + 73 026 | 264 789 + 283 976 | 37 809 + 609 379

8 Schreibe untereinander und rechne.

9 810,34 € – 1 934,18 € | 870 400,50 € – 158 340,60 €

9 Überschlage und rechne schriftlich.

Ü: ______ Ü: ______

4 6 3 · 3 0 4 | 4, 1 2 6 km · 2 5

10 Überschlage, rechne, kontrolliere.

Ü: ______ Ü: ______

3 0 1 7 : 7 = | 4 4 8 0 0 : 8 0 =

Pr.: Pr.:

11

1 t =	______	kg	4 km =	______	m	$\frac{1}{2}$ l =	______	ml
$\frac{1}{2}$ t =	______	kg	$\frac{1}{2}$ km =	______	m	$\frac{1}{4}$ l =	______	ml
5000 kg =	______	t	3520 m =	______	km	$\frac{1}{8}$ l =	______	ml
3570 kg =	______	t	7003 m =	______	km	$\frac{3}{4}$ l =	______	ml

12 Zeichne zwei Geraden, die parallel zueinander sind.
Vervollständige sie zu einem Rechteck.

13 Wo sind rechte Winkel? Zeichne ein:

14 Ermittle den Umfang (U) und den Flächeninhalt (F).

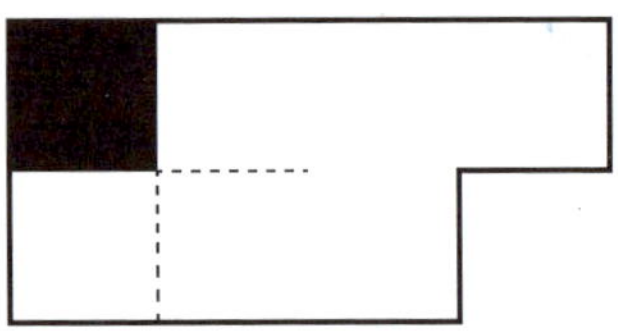

U = ______ mm

F = ______ Fliesen

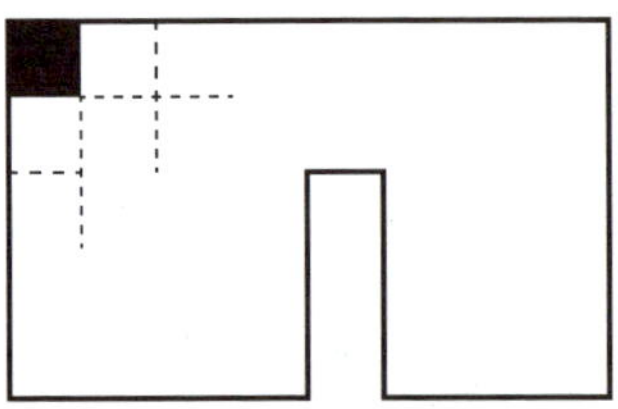

U = ______ mm

F = ______ Fliesen